KB062038

홍성욱의
그림으로 읽는 과학사

홍성욱의 그림으로 읽는 과학사

1판 1쇄 인쇄 2023. 11. 1.
1판 1쇄 발행 2023. 11. 10.

지은이 홍성욱

발행인 고세규
편집 김태권   디자인 지은혜   마케팅 정희윤   홍보 강원모
발행처 김영사

등록 1979년 5월 17일 (제406-2003-036호)
주소 경기도 파주시 문발로 197(문발동) 우편번호 10881
전화 마케팅부 031)955-3100, 편집부 031)955-3200   팩스 031)955-3111

값은 뒤표지에 있습니다.
ISBN 978-89-349-5681-5 03400

홈페이지 www.gimmyoung.com   블로그 blog.naver.com/gybook
인스타그램 instagram.com/gimmyoung   이메일 bestbook@gimmyoung.com

좋은 독자가 좋은 책을 만듭니다.
김영사는 독자 여러분의 의견에 항상 귀 기울이고 있습니다.

다면체부터 가이아까지, 과학 문명의 컬렉션들

홍성욱의
그림으로 읽는
과학사

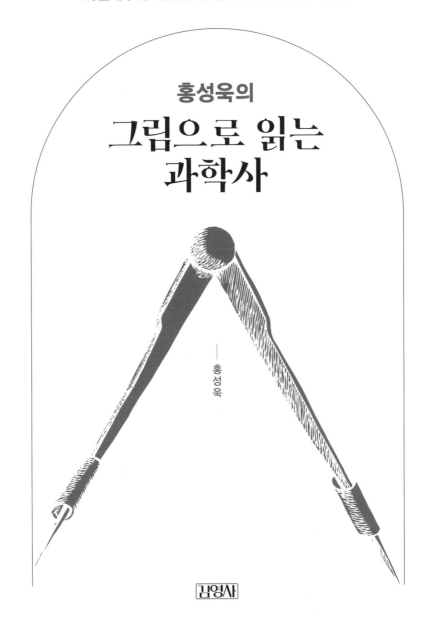

홍성욱

김영사

일러두기

- 이 책은《그림으로 보는 과학의 숨은 역사》(책세상, 2012)의 개정판입니다.
- 이미지 출처는 본문 뒤에 있습니다.

산도와 산동이에게

3 이미지의 생명력과 현대 과학

────────

──────── 과학이라고 하면 복잡한 수식을 생각하겠지만, 실제 과학은 이미지로 넘쳐난다. 흰 가운을 입는 과학자는 드물지만, 으레 흰 실험실복 차림으로 조심스럽게 비커에 시약을 떨어뜨리는 과학자의 모습을 떠올리는 것도 이미지의 힘이다. 과학에서의 이미지는 책과 논문에 실린 사진, 그림, 그래프, 표, 다이어그램, 시뮬레이션 이미지들, 학술지 표지, 포스터는 물론, 과학 대중화를 위해 만든 과학자 사진, 연구소나 실험실 사진, 과학을 소재로 한 예술, 그리고 블랙홀의 상상도 같은 가상적인 이미지를 포함한다.

　2012년에《그림으로 보는 과학의 숨은 역사》를 낸 지 10여 년이 지났다. 원래 이 책은 과학사, 특히 서양 과학사를 강의하면서 내가 접했던 많은 그림과 이미지를 소개하면서, 이런 이미지를 통해 과학의 역사를 조금은 새로운 각도에서 읽어보자는 의도로 시작되었다. 19세기 중엽 이후에 거의 사라졌지만 책 표지 안쪽을 장식했던 권두화卷頭畵, frontispiece는 책의 핵심 내용을 한 장의 그림에 담기 위해 애쓴 결과이며, 따라서 권두화를 세밀하게 해석하다 보면 당시 과학에 대해서 조금은 새로운 얘기를 할 수 있다고 생각했다. 또한 과학자들의 초상화나 실험실을 그린 그림도 비슷한 방식으로 흥미로운 독해가 가능했다. 책의 1부, 2부가 주로 여기에 해당한다.

　뇌의 이미지, 진화론에서 등장하는 나무의 이미지, 데이터의 시각화, 그리고 가이아의 이미지를 분석한 3부는 1, 2부와 조금 결을 달리한다. 3부의 문제의식은 '왜 과학의 역사를 통해 특정한 개념과 특정한 이미지가 대응하는가'라는 것이었다. 구체적으로, 왜 뇌를 작은 방으로 나누거나, 생명을 분류하는 데 나무를 이용하거나, 데이터를 시각화하는 데 그래프를 사용하거나, 가이아를 그리는 데 구형 지구를 사용하는가에 대한 것이다. 과학자들은 연구가 다 끝난 뒤에 자신의 연구를 그림이나 그래프로 나타낸다고 생각하지만, 역사를 통해 반복적으로 나타나는 이미지들은 과학자의 연구나 과학 대중화 작업을 특정한 방향으로 유도하거나 특정한 방식으로 틀 짓는 효과를 낳는다. 이미지가 과학자의 실험이나 이론적 작업의 결과를 재현하는 데 그치지 않고, 실험이나 이론을 특정한 방향으로 이끌 수 있는 것이다. 테크노사이언스와 사회와의 상호작용을 연구하는 과학기술학Science and Technology Studies, STS 연구자들은 이렇게 과학 지식을 구성하는 데 이미지가 담당하는 역할에 주목한다.

언젠가 책의 개정판을 내겠다고 생각하면서 원래는 1부와 2부를 많이 보완하려고 생각했다. 그런데 과학사학자 조수남 교수의 《욕망과 상상의 과학사》와 김성근 교수의 《그림으로 읽는 서양과학사》를 읽고 생각을 바꾸었다. 내가 보충하고 싶었던 얘기의 상당 부분이 두 책에 실려 있었기 때문이다. 3부는 조금 더 긴 호흡으로, 다른 형식의 책으로 만들어야겠다고 생각했다. 다만 마지막 두 장에 내가 최근에 연구한 18~19세기 "데이터 시각화 혁명"과 "브뤼노 라투르와 가이아의 시각화(〈과학과 기술〉 4호(2023) 수록 글을 수정·보완)"에 대한 장을 추가했다. 예술의 도움을 받아 가이아라는 추상적인 존재를 시각화한 라투르의 작업은 과학기술학 분야가 과학에 줄 수 있는 긍정적 영향의 사례이기도 하며, 예술이 과학에 기여하는 사례로 볼 수도 있다.

마지막 두 장을 제외하면 기존의 목차를 그대로 두고, 편집과 디자인만 많이 바꾸는 쪽으로 개정판이 만들어졌다. 새로운 편집과 디자인은 이 책이 원래 강조하려던 내용을 충분히 강조하면서, 그림의 원본에 드러난 디테일을 살리는 방향으로 시도되었다. 흔쾌히 개정판 출판을 맡아주신 김영사 고세규 대표님, 편집과 디자인을 맡아주신 김태권 님, 지은혜 님께 감사드린다. 이 개정판을 통해 더 많은 독자가 낯선 그림들 속에서 역사 속 과학의 구석구석을 들여다보는 재미를 느끼길 바랄 뿐이다.

2023년 10월

홍성욱

초 판
서 문

———————

나는 1980년대 초반에 과학사를 처음 접했다. 영국의 마르크스주의 결정학자이자 과학사가였던 J. D. 버널의《역사 속의 과학Science in History》(전 4권)의 일부를 친구들과 함께 읽었고, 비슷한 시기에 토머스 S. 쿤의《과학혁명의 구조》를 읽었다. 1983년에 서울대학교의 김영식 교수께서 강의하던 '과학사'와 '과학과 근대사회'라는 수업을 들으면서 과학사에 더 깊은 흥미를 느꼈다. 지금은 어렴풋하지만, 당시 이 수업을 통해 건조하고 삭막해 보이기만 했던 과학에도 인간적인 요소와 역사적이고 문화적인 맥락이 있다는 사실을 깨달았고, 나는 이런 과학사를 평생 공부하면서 살아도 좋겠다고 생각했다.

그런데 당시 과학사 교재에는 그림과 사진이 없었다. 우리나라에도 번역된 C. C. 길리스피의 《객관성의 칼날》은 갈릴레오 갈릴레이 이후 근대 과학의 역사에 대한 뛰어난 연구서이자 교과서인데, 이해를 돕기 위한 도형을 제외하면 이 책을 통틀어 단 한 장의 그림도 나오지 않는다. 국내 대학교에서 많이 사용했던 교재들도 비슷했다. 마치 과학에서 수식과 텍스트를 기반으로 한 논리적이고 합리적인 이해가 중요하고 그림은 단지 이를 설명하는 보조 수단으로 인식되던 것처럼, 역사적인 내러티브가 핵심인 과학사에서도 그림은 꼭 필요한 경우에 이해를 돕는 역할에만 머물러 있던 것이다. 당시에는 과학에서 이미지, 재현, 시각화의 중요성이 아직 충분히 이해되지 못했다.

1995년부터 나는 첫 직장인 캐나다 토론토대학교에서 본격적으로 강의를 시작했다. 당시 내가 자리 잡았던 토론토대학교에서는 교수들에게 수업 시간에 시청각 자료를 많이 사용하라고 강조했다. 나는 이런 요구에 부응하기 위해서 생소한 과학 이미지들을 찾아다녔고, 하나하나 복사해서 수업에 활용했다. 당시에는 파워포인트 같은 프로그램도 없었고, 컴퓨터 프로젝터는 정말 비싸고 귀할 때였다. 교수들은 오버헤드 프로젝터OHP라는 기계에 트랜스패런시라는 얇은 투명 슬라이드를 사용해서 학생들에게 그림을 보여주곤 했다. 수업을 준비하면서 매주 이 트랜스패런시 슬라이드에 그림을 다수 복사해야 했고, 이것은 상당한 시간이 걸리는 귀찮은 일이었다.

어느 날, '인쇄술 혁명과 인터넷 혁명'에 대한 수업을 준비하던 나는 신기한 그림 하나를 보게 되었다. 르네상스기에 활동한 이탈리아 엔지니어 아고스티노 라멜리의 저서 《다양하고 독창적인 기계Le

▶ **그림 1** 아고스티노 라멜리의 〈바퀴 모양의 독서대〉, 1588.

Diverse et Artifiose Machine》에 나오는 그림이었다.

그림 속 기계가 독서를 돕기 위한 장치라는 것은 한눈에 알 수 있었다. 그런데 그림을 보고는 알 수 없는 것도 많았다. 이 기계는 실제로 만들어졌을까? 당시 이런 기계가 정말로 필요했을까? 이 기계는 단지 상상의 산물이었나? 이 그림은 당시에 이런 기계를 고안한 사람이 있을 정도로 인쇄된 책이 폭증했다는 사실을 단적으로 보여주는 것인가? 그 시대 사람들은 이런 독서 기계를 보고 어떤 생각을 했을까? 그

▶ **그림 2** 다니엘 리베스킨드의 〈바퀴 모양의 독서대〉, 1985.

들도 지금 나처럼 기묘한 감정에 사로잡혔을까? 내 질문은 꼬리에 꼬리를 물고 계속됐지만, 쉽게 답을 얻을 수는 없었다. 나는 당시에 중세 기술사를 전공한 동료 교수에게 이 그림을 보여줬는데, 그는 "아하! 라멜리!"라고 한마디 하고는 미소 지을 뿐이었다. (이 미소는 뭘 뜻하는 거지?)

몇 년이 지난 뒤에 나는 지금은 세계적으로 유명한 건축가 다니엘

리베스킨드가 1985년에 실제로 이 바퀴 모양의 독서대를 제작해서 베니스 비엔날레에서 선보였다는 사실을 알게 되었다. 그런데 이 사실로 인해 내 궁금증은 해소되기는커녕 더욱 증폭되었다.

리베스킨드는 나무만을 사용해서 이 기계를 만들었다는데 이는 당시 르네상스기에 이 기계가 실제로 만들어졌다는 사실을 증명하는 것인가? 증명까지는 아니더라도 그랬을 개연성을 높이는 것일까? 그걸 떠나서 대체 건축가 리베스킨드는 왜 이런 오래된 기계를 재현해보려고 했을까? 이 기계와 그의 독창적이고 독특한 건축 세계는 어떤 연관이 있는 것일까?

당시에(아니 어쩌면 지금도) 이런 질문들에 대해서 만족스러운 답을 얻지는 못했지만, 나름대로 성과는 있었다. 이후 나는 과학기술사 연구 과정에서, 혹은 강의를 준비하다가 접하는 이미지들을 소홀히 보지 않았다. 흥미로운 이미지는 복사를 해두고, 나름대로 의미를 이해하려고 노력하고, 강의를 더 흥미롭게 이끌기 위해 더 많은 이미지들을 이용하기 시작했다. 당시에는 인터넷에 자료가 많지 않을 때여서, 흥미로운 과학 이미지 하나를 발견하기 위해서는 운이 따라야 했고, 책도 많이 읽어야 했다. 그렇게 어렵사리 찾아서 복사했던 이미지들은 전부 흑백이었으며, 상태가 너무 좋지 않아서 알아보기 힘든 것도 있었다. 그렇지만 내 파일에는 과학과 기술에 대한 흥미로운 이미지들이 쌓여갔다.

이러다가 예술을 전공하는 아내를 만나게 되면서 내 관심은 예술의 영역으로까지 넓어졌다. 대부분의 이과생들처럼 나는 예술에 관심을 기울일 기회가 거의 없었고, 전공을 역사학의 일부인 과학사로 바꾼 뒤에도 상황은 비슷했다. 그러다가 미술을 전공하는 사람과 알게 되고, 미술 얘기를 듣게 되면서, 관심사가 과학과 예술의 접점으로 자연스럽게 확장되었다. 예술이나 미학을 전공하는 사람들이 보면 정말 너무나 기초적인 사실을 뒤늦게 알게 되면서 나는 즐겁고 신이 났다. 당시 내가 과학-예술의 접점을 제공한다고 생각하고 새롭게 공부했던 주제는 원근법, 색채론, 점묘법, 카메라 옵스큐라, E. 마레의 고속 사진 촬영술chronophotography 등이었다. 과학과 예술이 별개의 활동이 아니라 이렇게 서로 만난다는 점에 주목해서 나는 창의성과 상상력 측면에서 과학과 예술을 새롭게 조망하는 논문을 썼다. 또 2010년에는 과학 지식의 형성에서 시각화와 재현의 중요성을 다룬 세미나 수업을 개설해서 대학원생들과 한 학기 동안 심도 있는 토론을 진행하기도 했다. 그러면서 백남준 선생의 비디오 아트를 가능케 했던 비디오 신시사이저의 개발 과정과 그 기술 철학적 논의에 관심을 갖게 되어 본격적인 연구를 시작했다.

처음에 강의 때문에 생겨난 과학 이미지에 대한 관심은 이렇게 다른 방향으로 진화했다. 그러나 관심사가 조금 달라지면서 나는 원래 모아두었던 과학사 이미지들을 거의 잊어버렸다. 그러다가 2012년 초에 한 대학원생과 얘기하다가, 옛날에 썼던 이미지들에 대한 이야기가 나와서 그동안 모아둔 것을(어느 시점엔가 나는 이것들을 인터넷에서 찾아서 파워포인트 형태로 바꾸어두었다) 죽 보여주었다. 이걸 본 학생이 매우 흥미로워하면서, 왜 책으로 내지 않느냐고 물었다. 나는 지금의 관심사가 그때와는 다르고, 또 과학사에 대한 좋은 대중서들이 많이 나와서 내가 관심을 가졌던 부분들이 이젠 상식이 되었다고 답했지만, 한편으로는 슬슬 욕심이 생기기 시작했다. 지금이 아니면 이런 이미지들을 세상에 내보일 기회가 없을 것 같다는 생각이 불현듯 들었고, 급기야 다른 일을 제쳐두고 이 책을 쓰기 시작했다. 이미 찾았던 이미지들을 이야기로 연결하기만 하면 되는 일이니, 겨울방학 두 달 동안 열심히 하면 원고를 완성할 수 있을 거라고 생각했다.

그렇지만 세상의 모든 일이 그렇듯이, 집필도 마음먹은 대로 되지 않는다. 무엇보다 내가 토론토대학교에서 강의를 하던 1990년대 후반 이후에 15년 가까운 시간이 지났고, 그사이에 과학 관련 이미지에 대한 연구가 많이 이루어졌다. 따라서 이런 새로운 연구들을 읽고 생각하는 데 많은 시간이 필요했다. 처음에 기획했던 주제 중에 이제는 너무 잘 알려진 주제들은 빼고, 대신 새 주제를 잡아 새 장을 써야 했다. 과학사에 약간의 지식이라도 있는 독자를 상정해서 원고를 써야 할지, 아니면 과학사를 전혀 몰라도 읽을 수 있도록 써야 할지도 애매하고 어려운 문제였다. 이런 문제를 해결하기 위해서 과학사를 잘 아는 학생과 그렇지 못한 학생들에게 원고를 읽어보라고 해서 그들의 논평을 집필 과정에 반영했다. 잠깐이면 끝날 것 같던 집필은 봄 학기, 그리고 무척이나 더웠던 여름방학 두 달을 꼬박 쏟아부었는데도 끝나지 않았다. 더위가 물러가고 태풍이 올 무렵, 여전히 부족하고 아쉬움이 많은 채로 원고를 출판사에 넘겼다.

과학의 역사는 냉정한 이성으로 사실과 진리를 발견해온 역사로만 기술될 수 없다. 그 이유는 과학의 역사에 사실의 축적과 이론의 발전만이 아니라, 이론과 실험의 오류, 퇴행, 답보가 도사리고 있으며, 이 모든 것들은 다시 열정, 상상력, 감정, 감수성, 욕망, 경쟁심, 심지어 편견을 가진 과학자라는 존재와 연결되어 있기 때문이다. 이들은 세상의 여러 재원을 이용해서 자신들의 이론을 더 설득력 있게 만들기 위해 노력하는, 살아 있는 사람들이다. 반면에 인간이 자연에 존재하는 불변의 진리를 하나씩 발견하는 방식으로 과학이 발전했다고 생각하는 사람들이 그리는 역사에는 피와 살을 가진 과학자는 등장하지 않는다. 대신 개념, 이론, 실험 결과만이 등장한다. 이런 역사에서 과학자는 로봇이나 컴퓨터에 불과하며, 과학은 컴퓨터 프로그램 비슷한 것이 된다. 로봇은 상상력과 창의성을 발휘하거나 자신의 이론과 실험 결과를 더 설득력 있게 만들기 위해서 여러 전략을 구사하고 머리를 짜내는 일은 하지 않는다.

이 책에서 나는 과학에서 사용된 여러 이미지들을 분석함으로써 과학이 걸어온 역사를 조금 더 풍성하게 복원하려 했다. 이 책의 세부 목표는 다음 세 가지이다. 첫 번째, 과학에서 사용된 여러 이미지들을 당시의 역사적, 문화적 맥락에 위치시키고 이에 대한 해석을 제공함으로써, 독자들에게 과학 이미지를 읽을 수 있는 '이미지 독해력'을 높여주려고 했다. 두 번째, 이미지에 주목함으로써 과학의 역사를 새롭게 기술할 수 있음을 보이려고 했다. 과학의 역사는 이론과 개념의 발달을 중심으로 기술되어왔지만, 다면체, 컴퍼스, 나무와 같은 이미지에 주목해서 조금은 새로운 내러티브를 전개할 수도 있기 때문이

다. 마지막으로 과학 이미지를 통해서 컴퓨터 프로그램 같은 과학이
아니라, 몸과 감정을 가지고 상상력과 창의력을 동원하는 과학자들이
수행하는 '진짜 과학'의 생생한 느낌을 독자들에게 전달하려고 했다.

이 책에 실린 내용의 일부는 이미 출판된 바 있다. 1장과 3장의 일
부가 필자의 〈다면체, 과학과 예술의 경계—플라톤에서 에스허르까
지〉(《성균》 2003년 봄호)로 출판되었고, 7장의 일부가 '네이버 캐스트'
의 과학사 연재 중 '백과전서' 편에 실렸으며, 9장은 필자가 엮은《뇌
과학, 경계를 넘다》(바다출판사, 2012)에 수록되었다. 그 외에는 모두
새로 쓴 원고이다. 책을 기획하고 집필하는 과정에서 많은 이들의 도
움을 받았다. 깊이 감사드린다. 선명한 이미지 자료를 찾고 원고를 정
리하는 데에는 서울대 과학사 및 과학철학 대학원의 박선영 조교의
도움이 컸다. 서울대 경영대 박소희 양은 독자 입장에서 원고 전체를
읽고 도움이 되는 논평을 해주었으며, 참고문헌을 정리하는 지루한
작업을 도왔다. 또 바쁜 일정에도 불구하고 원고 전체를 읽고 날카로
운 논평을 해준 이두갑 박사께도 깊이 감사한다.

돌이켜 생각해보면 수업 시간에 시청각 자료를 많이 사용하라고 내
게 압력을 넣었던 토론토대학교가 나를 이미지의 세계로 이끌어준 일
등공신일 것이다. 그렇지만 무엇보다 나는 아내에게 큰 빚을 지고 있
다. 아내는 과학기술의 세상에만 파묻혀 있던 나를 예술이라는 넓은
세상으로 인도했고, 역사를 통해 나타난 과학과 예술의 관계라는 흥
미로운 주제로 이끌었다. 네 살이 된 아들에게도 도움을 받았다. 나는
지난 몇 년간 아이가 서고, 걷고, 말하는 걸 보면서, 이 아이도 재미있

어할 만한 책을 쓰고 싶다는 생각을 하게 되었다. 다른 방식으로는 아빠 노릇을 잘 못해도 재미있는 과학사 책을 써서 읽어주면 좋겠다고 생각했다. 이 책으로 목적을 달성하게 될지는 모르겠지만(아마 아닌 것 같지만), 그런 생각이 새 책을 쓰도록 자극한 것은 분명하다. 이들의 사랑과 도움에 대한 작은 보답으로 이 책은 아내와 아이에게 바친다.

미리 알아두면
좋은 아주
간단한 과학사

─────────

본격적으로 이야기를 시작하기에 앞서 과학사의 큰 흐름을 간략하게 짚어보자. 많은 학자들은 자연을 탐구하는 학문으로서 과학 이론이 고대 그리스에서 시작되었다는 데 동의한다. 비록 오늘날의 과학과 같은 모습은 아닐지라도 고대 그리스 시대인 기원전 6세기부터 수백 년 동안에 서양 과학 전통의 뼈대가 정립되었다. 플라톤은 수학, 특히 기하학의 중요성을 강조했고, 우주와 천체가 완벽한 기하학적 형태인 구球 모양이라고 했다. 반면에 아리스토텔레스는 경험과 관찰을 강조했고, 지구를 우주의 중심에 두었으며, 우주를 달 아래 세상인 지상계와 달 위의 세상인 천상계로 나누었다. 천상계에는 지구 주위를 회전하는 수성, 금성, 화성, 목성, 토성 같은 5행성의 천구天球가 있고, 금성과 화성 사이에 태양의 천구가 있으며,

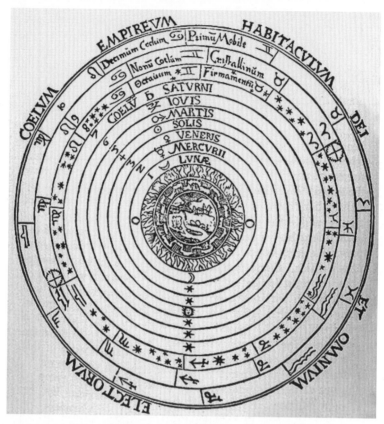

▶ **그림 1** 아리스토텔레스-프톨레마이오스의 개략적인 우주 구조. 우주의 중심에 지구가 있고, 그 위로 달, 수성, 금성, 태양, 화성, 목성, 토성, 별이 붙어서 운동을 하는 천구들이 여러 겹 있다.

토성 뒤에는 붙박이별(항성)의 천구가 있다고 했다. 이런 전통을 이어받은 헬레니즘 시대의 천문학자 프톨레마이오스는 더 복잡한 가정들을 도입해서 행성의 운동을 거의 완벽하게 기술하는 천문학 체계를 정립했다. 지구는 우주의 중심에 고정되어 있고, 천상계의 천구들이 복잡한 운동을 했는데 이를 보통 '아리스토텔레스-프톨레마이오스'의 우주 구조라고 한다.

로마인들은 그리스로부터 물려받은 과학을 더 이상 발전시키지 않았다. 로마 시대 초기에는 그리스의 과학이 보존되는 듯했으나 점차 시간이 갈수록 쇠퇴해갔다. 이것은 유럽이라는 지리적 공간에서 과학이 점점 사라졌음을 의미한다. 그렇지만 찬란한 문화를 꽃피웠던 고대 그리스의 과학과 철학 유산은 이슬람 문화권으로 장소를 옮겨서 유지될 수 있었다. 기원후 6~7세기에 이슬람 문화권에서 통일 왕조가 세워지면서 그리스의 저서를 이슬람어로 번역하는 사업이 진행되었고, 이러한 번역은 자연스럽게 독자 연구로 이어졌다. 이슬람에서는 자연을 탐구하는 과학 활동이 명맥을 유지하면서 어느 정도 발전했던 반면, 과학이 탄생했던 유럽에서는 로마 시대 이후 중세 시기인 서기 500~1000년까지 뚜렷한 과학적 성과를 내지 못했다. 과학의 공백기인 이때를 '암흑기'라고 부른다.

그리스 과학은 12~13세기에야 다시 유럽으로 건너갈 수 있었다. 유럽 각국이 십자군전쟁을 통해서 이슬람과 접촉하고 이슬람에 빼앗겼던 영토를 되찾으면서 자연스럽게 이슬람에 정착했던 과학이 다시 유럽으로 돌아갈 수 있었던 것이다. 특히 이베리아반도가 다시 유럽으로 귀속되면서 이슬람 왕조의 학문적 업적이 유럽에 편입되었고, 마침 유럽 여러 도시에서 발흥한 대학에서 이 고대 그리스의 학문 유산이 깊이 있게 연구되기 시작했다. 고대 그리스의 학문이 유럽에 유입·번역되어 소화됨으로써 이른바 '12세기 르네상스'가 열렸다. 이 과정에서 가장 중요하게 간주되었던 철학자가 아리스토텔레스였다. 과학 분야에서도 아리스토텔레스의 방법론과 우주론은 최고의 권위를 지닌 이론으로 받아들여지고 연구되었다.

14세기부터 이탈리아를 중심으로 르네상스라고 불리는 문예운동이 시작되었고, 15세기에는 인쇄술이 발전했으며, 16세기에는 코페르니쿠스의 태양 중심설 천문학을 시발점으로 하여 '과학혁명'이 일어났다. 코페르니쿠스, 갈릴레오, 케플러, 데카르트, 뉴턴과 같은 유명한 과학자들이 과학혁명 시기에 활동한 대표적인 인물이다. 근대 천문학, 근대 역학, 근대 수학, 근대 생리학 등이 이 시기에 등장했다. 이들은 모두 아리스토텔레스의 방법론과 우주론을 비판했는데, 일부는 신플라톤주의의 영향을 받아서 수학의 중요성을 강조했고, 다른 이들은 기구를 사용해 자연에 조작을 가하는 실험의 방법론을 사용하기 시작했다. 이들 다수는 세상에 존재하는 모든 것을 물질과 운동만으로 설명할 수 있다는 기계적 세계관을 받아들였다. 영국의 '왕립학회', 프랑스의 '과학아카데미' 같은 혁신적인 과학 단체와 《철학회보》 같은 학술지도 이 시기에 등장했다.

과학혁명기 이후 18세기에 유럽의 과학은 계몽사조와 관계를 맺으며 변화해갔다. 프랑스의 계몽사상가 볼테르는 뉴턴 과학을 합리성과 계몽의 상징으로 부각시켰으며, 계몽사조의 시대정신이 집대성된 《백과전서》에서 과학과 이성은 근대성의 핵심으로 자리 잡았다. 18세기 말엽 프랑스에서 라부아지에가 근대 화학혁명을 일으켰고, 19세기

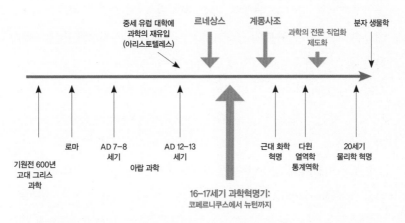

중세 유럽 대학에
과학의 재유입
(아리스토텔레스)

르네상스

계몽사조

과학의 전문 직업화
제도화

분자 생물학

로마

AD 7-8
세기

아랍 과학

AD 12-13
세기

근대 화학
혁명

다윈
열역학
통계역학

20세기
물리학 혁명

기원전 600년
고대 그리스
과학

16-17세기 과학혁명기:
코페르니쿠스에서 뉴턴까지

▶ 표 1 개략적인 서양 과학사.

중엽에는 다윈이 나타나 생물학의 과학혁명이라고 할 수 있는 진화론
을 제창했다.

　19세기 100년은 과학자의 전문 직업화와 과학의 제도화가 급속
하게 진행된 시기이기도 하다. 현재 우리가 사용하고 있는 과학자
scientist라는 단어는 영국의 사상가 윌리엄 휴얼이 1831년에 만들었는
데, 그전까지는 '직업으로' 자연을 탐구하는 사람은 극소수였고, 이들
을 가리키는 말도 존재하지 않았다. 과학자라는 전문 직업군의 등장
은 수많은 과학 단체의 설립이나, 대학이라는 교육기관 속에 과학의
분야들이 독립된 학과로 자리 잡는 과정과 발을 맞추었다. 과학이 학
과로 분화되면서 대학에는 과학을 전문적으로 연구하는 연구소가 들
어서기 시작했다. 이런 학과와 연구소는 교육을 담당했을 뿐 아니라

졸업생에게는 교수나 연구원 같은 일자리를 제공했다. 이 시기부터 대학은 다시 과학 활동의 중심지 역할을 하기 시작했다. 이러한 제도화와 전문 직업화를 바탕으로 과학은 눈부신 발전을 거듭하여, 지금 우리가 보고 있는 전문화된 과학 분과, 거대과학을 낳았다. 또 인류에게 기술 발전에 따른 각종 혜택을 선사했으며 여러 사회문제를 일으키기도 했다.

표 1은 지금까지 서술한 주요 사건들과 인물들을 시간 순서에 따라 간단하게 배열한 것이다. 이런 연대기가 역사를 대체할 수는 없지만, 이 책에서 논하는 사건들이 언제, 어디에서, 어떤 순서에 따라 일어났는지를 이해하고 기억하는 데 보조적인 역할은 할 수 있다. 이제 실제 역사로 들어가보자.

1

근대 과학의 탄생

플라톤은 왜 다면체에 주목했을까?

명화 〈파치올리 수사와 어느 젊은이〉(1495)에 담긴 비밀

현대 건축과 미술에 등장하는 다면체들

01

플라톤과
아르키메데스의 다면체
예술과 과학의 경계

고대 중국에서는 대수학이 발달했고, 서양의 고대 그리스에서는 기하학이 발달했다. 고대 그리스 시대에는 유클리드(기원전 280년경에 활동)의 《기하학 원론》처럼 기하학을 집대성한 고전이 집필되었으며, 철학자들은 기하학을 사용해 자연과 사회의 원리를 설명했다. 고대 기하학은 르네상스 시대에 부활해서 근대적 세계관의 기초를 놓았는데, 나중에 자세히 설명하겠지만, 르네상스기의 이탈리아 수도사이자 수학자인 파치올리(1445~1514?)를 등장시킨 야코포 데 바르바리의 그림 〈파치올리 수사와 어느 젊은이〉는 이러한 기하학적 세계관이 르네상스 당시 얼마나 널리 퍼져 있었는지를 잘 보여준다.

다면체와 형상의 세계

기하학적 세계관의 문을 연 사람은 플라톤(기원전 428?~347)이다. 그는 고대 그리스 시대에 기하학의 중요성을 강조한 대표적인 철학자였다. 세상을 형상의 세상과 이미지의 세상으로 나누고 형상의 세상은 생성·소멸이 없는 이상적인 세상이며 이미지의 세상은 우리가 사는 불완전한 세상이라고 주장했는데, 기하학은 바로 이 형상의 세상과 맞닿아 있는 것이었다. 현실 세계에서는 아무리 연장해도 만나지 않는 평행선을 그을 수 없지만, 기하학의 세상에서는 이런 평행선이 존재한다. 현실 세계에서는 원에 그은 접선을 원과 한 점에서 만나게 할 수 없지만, 기하학의 세상에서는 접선이 항상 원과 한 점에서 만난다. 이렇게 기하학이 이상적인 형상의 세상을 다루기 때문에, 기하학은 신이 세상을 만들었을 때의 완벽한 형상의 세상에 접근할 수 있는 열쇠였다. 플라톤이 철학 탐구와 전수를 위해 세운 학교 '아카데메이아'의 문에는 "기하학을 모르는 자는 여기에 들어오지 말라"라는 경구가 새겨져 있었다고 한다.

플라톤 이전의 그리스 철학자들은 두 가지 근본 문제에 관심이 있었다. 그중 하나는 우주를 구성하는 근본 물질이 무엇인가라는 문제였고, 또 다른 하나는 어떻게 이러한 근본 물질로부터 현재 볼 수 있는 세상의 다양한 현상이 만들어지는가, 즉 변화가 어떻게 일어나고 그 동인은 무엇인가라는 문제였다. 플라톤 이전의 철학자들은 우주의 근본 물질을 두고 심각하게 논쟁했고, 그 결과 플라톤이 살던 시절에

1. 근대 과학의 탄생

▶ **그림 1** 플라톤의 다섯 가지 정다면체. 맨 왼쪽부터 정4면체(불), 정8면체(공기), 정6면체(흙), 정20면체(물), 정12면체(우주). 케플러의 《우주의 조화》에 실린 그림이다.

는 우주의 근본 물질이 물, 불, 흙, 공기의 4원소라는 것에 대략 합의할 수 있었다. 또 그 무렵 수학자들은 정다면체(같은 모양의 면으로 이루어진 3차원 대칭 다면 입체)에 정4면체, 정6면체, 정8면체, 정12면체, 정20면체라는 다섯 가지 형태만이 존재한다는 사실도 알고 있었다. 기하학을 중시한 플라톤은 이 다섯 가지 정다면체에 철학적인 의미를 부여했으며, 이 중 네 개의 다면체인 정4면체, 정6면체, 정8면체, 정20면체를 각각 4원소에 대응시켰다.

이를 위해서 우선 그가 주목한 사실이 있다. 정6면체를 이루는 정사각형은 변 길이의 비율이 $1 : 1 : \sqrt{2}$인 직각이등변삼각형으로 분해되지만 나머지 정4면체, 정8면체, 정20면체는 모두 변 길이의 비율이 $1 : \sqrt{3} : 2$인 직각삼각형으로 분해된다는 것이었다. 플라톤은 다른 다면체와 면의 성질이 딴판인 정6면체가 가장 안정적인 흙에 해당한다고 보았다. 나머지 세 개의 다면체 중에서 가장 구球에 가까운 정20면체는 물에, 가장 뾰족하고 불안정한 정4면체는 불에, 그 중간인 정8면체는 공기에 해당했다. 흙은 다른 다면체들과 전혀 다른 성질의 삼각형

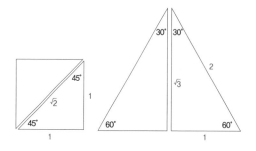

▶ **그림 2** 왼쪽은 정6면체의 한 면을 이루는 정사각형을 반으로 나눈 1:1:√2의 직각이등변삼각형, 오른쪽은 나머지 정다면체들을 이루는 1:√3:2의 직각삼각형.

으로 이루어져 있고, 물, 불, 공기는 근본적으로 같은 성질의 삼각형으로 만들어진 것들이었다.

이제 정12면체만 남았는데, 플라톤은 이것이 우주에 해당한다고 보았다. 여기에는 여러 가지 이유가 있었다. 우선 12라는 숫자가, 12로 나뉘던 우주의 황도대와 일치했다. 또 정12면체를 구성하는 도형은 정오각형인데, 정오각형은 우주의 비밀과 닿아 있다고 여겨진 '황금비'＊를 이용해서 그릴 수 있는 도형이기도 했다. 무엇보다 정12면체는 구와 모양이 비슷했는데, 플라톤에게 우주는 구의 모양을 하고 있었다. 플라톤이 사용한 다섯 개의 정다면체에는 이후 '플라톤의 다면체'라는 이름이 붙었다.

플라톤의 제자인 아리스토텔레스(기원전 384~322)는 플라톤의 추상적인 기하학적 세계관을 받아들이지 않았다. 이는 르네상스 시대의

＊ 정오각형의 변과 그 속에서 별 모양을 만드는 대각선의 비는 1:1.618인데, 이것이 가장 아름다운 비율이라고 불린 '황금비'이다.

유명한 화가 라파엘로의 〈아테네 학당〉을 봐도 알 수 있다(그림 3). 그림의 중앙에는 아테네 학파를 이끈 두 철학자인 플라톤과 아리스토텔레스가 그려져 있는데, 자신의 우주론을 집대성한 《티마이오스》를 손에 든 플라톤이 오른손 집게손가락으로 하늘을 가리키고 있는 데 반해, 《니코마코스 윤리학》을 손에 든 아리스토텔레스는 손바닥을 펴서 땅을 가리키고 있다. 플라톤이 이상적인 형상과 기하학을 중시한 반면, 아리스토텔레스는 인간의 경험 세계와 분리되어 있는 형상을 비판하고 경험과 관찰을 강조했음을 상징한다. 이러한 맥락에서 아리스토텔레스는 4원소를 기하학적 도형에 대응시킨 플라톤을 비판하면서, 4원소의 기원을 더움, 차가움, 습함, 건조함이라는 네 가지 경험적 속성에서 찾았다. 불은 더움-건조함의 조합으로, 물은 차가움-습함의 조합으로, 흙은 차가움-건조함의 조합으로, 공기는 더움-습함의 조합으로 만들어졌다는 것이다. 하지만 그는 지상계를 구성하는 4원소와 천상계를 구성하는 제5원소를 구별했고, 제5원소에 '에테르ether'라는 이름을 붙였다.

이 그림은 교황 율리우스 2세의 개인 도서관 벽화로 그려졌으며, 지금은 바티칸 궁전에서 볼 수 있다. 라파엘로는 이 그림에 제목도 붙이지 않았고, 그림에 그려진 사람들이 누구인지도 설명하지 않았다. 따라서 이 그림은 수많은 방식으로 해석되었고, 각각의 인물이 누구인지에 대해서도 여러 의견이 있었다. 그러나 누구도 이견을 달 수 없는 인물이 중앙에 있는 플라톤과 아리스토텔레스이다. 플라톤은 레오나르도 다빈치의 자화상을 본떠 그려졌다고 알려져 있다. 그림의 왼

▶ **그림 3** 라파엘로 산치오의 〈아테네 학당〉, 1511. 그림 중앙에는 아테네 학파를 이끈 두 철학자인 플라톤과 아리스토텔레스가 그려져 있다.

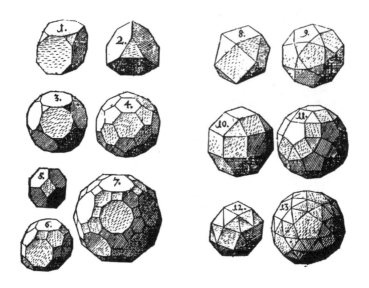

▶ **그림 4** 아르키메데스의 준정다면체 열세 개. 축구공도 아르키메데스의 다면체 중 하나이다(4번 그림).

쪽 앞에서 경전을 보고 있는 인물은 피타고라스라고 알려져 있으며 (이에 대한 이견도 있다), 오른쪽 앞에 있는 사람들 중에는 컴퍼스를 들고 도형을 작도하는 유클리드와 지구의를 들고 뒤로 돌아 등을 보이는 천문학자 프톨레마이오스가 있다. 프톨레마이오스도 거의 확실한데, 그 이유는 프톨레마이오스가 머리에 왕관을 쓰고 있기 때문이다. 이는 르네상스 시기에 많은 사람들이 천문학자 프톨레마이오스와 헬레니즘 시대에 이집트를 다스린 황제 프톨레마이오스를 혼동한 데에서 기인한다(〈아테네 학당〉에 대한 최근 해석으로는 Most 1996; Bell 1995;

Joost-Gaugier 1998 참조).

플라톤 이후 다면체 연구에서 중요한 업적을 남긴 수학자는 아르키메데스(기원전 287~212)이다. 그는 가짜로 여겨지는 왕관을 감정하다가 부력의 정리를 발견했을 때 "유레카eureka"(나는 발견했다)라고 외치며 발가벗은 채 거리를 질주했다고 알려진 사람이다. 아르키메데스의 원리는 어떤 물체를 물에 넣었을 때 받는 부력의 크기가, 물체의 부피와 같은 양의 물에 작용하는 중력의 크기와 같다는 원리이다.

그는 이 외에도 수학에서 여러 업적을 남겼는데, 그중에는 동일한 면으로만 이루어진 플라톤의 다면체와 달리 두 개 이상의 면으로 이루어진 대칭 다면체를 열세 개 발견한 것도 포함되어 있다. 이를 플라톤의 정다면체와 구별해서 준정다면체 혹은 '아르키메데스의 다면체'라고 부른다. 그렇지만 아르키메데스가 발견한 열세 개의 준정다면체를 자세히 기록한 자료는 로마 시대에 고대 과학이 쇠퇴하면서 분실되었다. 다만 아르키메데스보다 몇백 년 뒤에 살았던 수학자 파포스(대략 기원후 260년경에 활동)가 "아르키메데스가 열세 개의 준정다면체를 발견했다"라고 기록한 문헌이 남아 있을 뿐이다.

다면체 르네상스

중세 '암흑기'에 열세 개의 준정다면체는 오랫동안 잊힌 채로 있었다. 그러다가 르네상스에 이르러 고대의 문헌들이 복원되었고, 파포

▶ 그림 5 피에로 델라 프란체스카의 〈그리스도의 책형〉, 1468~1470년경.

스의 저작에서 열세 개의 준정다면체가 존재한다는 언급을 발견한 르네상스인들은 이 준정다면체를 찾아 나서기 시작했다. 르네상스 시대는 이러한 작업을 하기에 아주 적절한 때였다. 잘 알려져 있다시피 당시에는 휴머니즘에 기초한 예술 활동이 꽃을 피웠고, 화가들은 종교화에서 벗어나 점차 사람, 도시, 자연을 그리기 시작했다. 게다가 필리포 브루넬레스키(1377~1446)가 발견하고 레온 바티스타 알베르티(1404~1472)가 널리 알린 원근법에 의해서 공간에 새로운 기하학적 의미가 부여되었다. 원근법이 널리 사용되면서 르네상스 화가들은 원근법의 기초가 되는 기하학을 공부하기 시작했으며, 개중에는 전문

1. 근대 과학의 탄생

수학자만큼 기하학 지식을 쌓은 화가들도 있었다. 알베르티 같은 화가는 그림을 그릴 때 맨 먼저 할 일이 수학자로부터 관련 수학을 배워 습득하는 것이라고 강조했다. 또 이 시기에는 유명한 레오나르도 다 빈치(1452~1519)처럼 과학과 예술 양쪽에서 재능을 보인 사람도 드물지 않았다.(Crombie 1986)

15세기 르네상스기의 화가인 피에로 델라 프란체스카(1416~1492)는 〈예수의 세례〉 같은 명작을 남긴, 당대 이탈리아 최고의 화가였다. 그는 원근법에 정통했고 기하학을 열심히 연구했다. 그가 그린 〈그리스도의 책형Flagellation of Christ〉은 원근법을 연구하는 학자들에게 가장 골치 아픈 작품으로 통한다. 이 그림은 서로 다른 시기에 일어난 두 사건을 하나의 그림에 담고 있지만, 그림 전체에 소실점이 하나인 원근법을 정교한 방식으로 사용하고 있다.

프란체스카는 열세 개의 아르키메데스 다면체 중에서 가장 간단한 다섯 개(플라톤의 다면체의 모서리를 잘라서 만든, 깎은 정6면체, 깎은 정4면체, 깎은 정8면체, 깎은 정12면체, 깎은 정20면체로, 그림 4에서 1~5번에 해당)와 6-8면체라고 불리는 여섯 번째 다면체(그림 4에서 8번)를 발견하는 데 성공했다. 그는 《다섯 개의 정다면체》, 《셈틀》 같은 저서에서 자신이 발견한 여섯 개의 아르키메데스 다면체를 기술했지만, 그의 저서들은 당시에는 출판되지 않았으며, 따라서 당시 사람들은 프란체스카가 아르키메데스의 다면체 중 여섯 개를 발견했다는 사실을 잘 모르고 있었다.(Field 1997)

프란체스카의 화실에 드나들었던 소년 중 한 명이 파치올리였다.

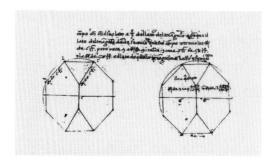

▶ **그림 6** 프란체스카가 그린 '깎은 정4면체'의 전개도.
▶ **그림 7** 다빈치가 그린 '부풀린 6-8면체'.

그는 공부를 계속해서 나중에 유명한 학자가 되었는데, '복식 부기법'을 창안해 유럽 상거래에 혁명을 가져온 사람으로 널리 알려져 있다. 이 때문에 파치올리는 '근대 회계학의 아버지'라고 불린다. 파치올리는 1500년대 초엽에 다빈치와 친구가 되었고, 바로 이 무렵인 1509년에 《신성 비례》라는 책을 출판했다. 이 책에서 파치올리는 프란체스카의 여섯 개의 준정다면체 이외에도 12-20면체와 부풀린 6-8면체를 최초로 발견해서 소개했는데, 그의 책에 이 준정다면체 그림을 그려준 사람이 바로 다빈치였다. 그림 7에서 확인할 수 있듯이, 다빈치의 그림은 다면체 내부를 훤히 들여다볼 수 있게 그려져 다면체의 기하학적 속성을 한눈에 이해하게 해준다. 다빈치가 이런 그림을 그렸다는 것은 그가 다면체의 특성을 꿰뚫고 있었음을 보여주는 증거이기도 하다. 파치올리의 《신성 비례》는 출판된 문헌으로는 유럽에서 최초로 아르키메데스의 다면체들을 소개했고, 당시 수학자, 화가, 철학자들의 엄청난 관심을 불러일으켰다.* 그리고 이 다면체들은 곧바로 그림의 소재가 되었다.

르네상스 시대의 화가 야코포 데 바르바리(1440~1516)는 1495년 경에 파치올리를 모델로 그림을 그렸다(그림 8). 〈파치올리 수사와 어느 젊은이〉라는 그림은 당시 기하학에서 사용되었던 중요한 모티프를 모두 보여준다. 수사 루카 파치올리가 펼치고 있는 책은 유클리드의 《기하학 원론》 제13권으로, 바로 플라톤의 정다면체를 논하는 부분이다. 파치올리는 오른손으로 도판에 어떤 기하학적 도형을 그리고 있는데, 이는 황금비를 사용해 플라톤의 정12면체의 한 면을 이루는 정오각형을 그리는 방법을 증명하는 것이다. 왼손 옆의 덮여 있는 책은 파치올리의 저작 《산술, 기하, 비, 비례》이며, 그 위에는 플라톤의 정다면체인 작은 정12면체가 놓여 있다. 그림의 주요 소재들이 플라톤의 정다면체와 관련돼 있어 꽤 흥미롭다.

이 그림에 그려진 여러 대상들 중 가장 흥미로운 것은 왼쪽 상단 모서리 쪽에 매달려 있는 투명한 다면체이다. 이것이 바로 파치올리가 처음 발견한 부풀린 6-8면체이다. 부풀린 6-8면체는 6-8면체(정6면

• 그렇지만 프란체스카와 파치올리가 죽은 후 프란체스카의 전기를 쓴 한 작가는 파치올리가 프란체스카의 업적을 도용했다고 비난했다. 20세기에 들어와 프란체스카의 미출판 원고들이 베네치아 도서관에서 발견됨에 따라 사람들은 파치올리의 《신성 비례》에 프란체스카의 《다섯 개의 정다면체》가 저자를 명기하지 않은 채 그대로 사용되었음을 알게 되었다. 이후 파치올리의 독창성에 대한 평판은 땅에 떨어졌다(Emmer 1982; Field 1997 참조).

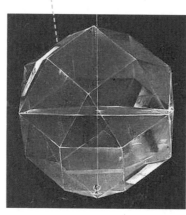

▶ **그림 8** 바르바리의 〈파치올리 수사와 어느 젊은 이〉, 1495(위). 이 그림에는 파치올리가 최초로 발견한 '부풀린 6-8면체'가 등장한다.

체와 정8면체를 공간적으로 합쳐서 만든 준정다면체)의 모서리를 깎아 만드는 다면체로 아르키메데스 다면체 중 하나였다. 파치올리는 유리로 속이 빈 준정다면체를 만들었다고 자랑하곤 했는데, 이 그림은 그의 자랑이 단지 허풍만은 아니었음을 보여준다. 이 다면체는 절반 정도 물이 채워져 있는데, 흥미로운 사실은 유리와 물에 비치고 반사된 이미지를 자세히 보면 다면체에 창밖의(이 그림에서 창은 보이지 않는다) 외부 세상이 투과되고(다면체의 왼쪽 상단) 물에 반사되며(오른쪽 상단) 일부는 굴절되어(오른쪽 하단) 있음을 알 수 있다는 것이다. 즉 빛의 투과, 반사, 굴절이라는 광학의 원리가 여기 다 서술되어 있다.

파치올리 옆의 청년이 누구인가에 대해서는 세 가지 설이 있다. 첫째는 화가 자신, 즉 바르바리라는 설이고, 둘째는 파치올리를 후원했던 구이도발도 공☆이라는 설이다. 셋째는 당시 20대 초반의 나이에 이탈리아를 여행하면서 그림을 배우고 있던 독일 화가 알브레히트 뒤러(1471~1528)라는 설이다. 뒤러는 종종 자화상을 그렸는데, 그의 자화상과 이 그림 속 청년은 놀라울 정도로 닮았다.

당시 전 유럽에 걸쳐 명성을 떨친 뒤러는 이탈리아에서 프란체스카, 조반니 벨리니(1430~1516), 다빈치의 영향을 받았고, 수학과 라틴어를 공부한 뒤에 고국인 독일로 돌아갔다. 당시 독일에서는 흔치 않았던 새로운 화풍을 도입한 뒤러는 곧바로 독일 최고의 화가로 명성을 떨쳤고 나중에는 황실 화가의 자리에까지 올랐다. 그는 기하학적 원근법을 사용했음은 물론이고 이를 잘 이용할 수 있는 그물망 같은 다양한 도구를 만들어서 3차원 세계를 2차원의 평면에 정교하게 재

▶ **그림 9** 뒤러가 그림에 기하학적인 정확성을 구현하기 위해 사용한 도구들.

현했다.

그의 천재성과 관련해 여러 가지 에피소드가 있다. 한번은 그가 여행 중에 붙잡혀 죽을 위험에 처했다. 그를 감옥에 가둔 영주는 뒤러의 직업이 화가라는 말에 그에게 붓을 주고 원을 그려보라고 했다. 뒤러는 붓을 떼지 않고 순식간에 큰 원을 하나 그렸다. 이 원은 컴퍼스로 그린 것처럼 한 치의 오차도 없이 완벽했고, 영주는 이 천재 화가의 재능에 감복해 당장 석방했다는 얘기가 전설처럼 전해진다.

우리에게 더 흥미로운 사실은 뒤러 역시 아르키메데스의 다면체에 관심이 많았다는 것이다. 그는 깎은 6-8면체와 다듬은 6면체snub cube를 최초로 찾아냈다(그림 4의 12번). 다듬은 6면체는 6면체의 모서리와 꼭짓점을 정삼각형들로 대체해서 정사각형 여섯 개와 정삼각형 서른두 개로 만든 다면체로서, 그전까지 발견된 다면체를 깎아서는 만들 수 없는 독특한 다면체였다. 이러한 사실은 뒤러가 기하학적인 구도에 대해 상당한 통찰력이 있었음을 시사한다.

이 외에도 뒤러는 잘 알려진 〈멜랑콜리아 I〉이라는 신비스러운 그림에서 다면체를 모티프로 사용했다. 뒤러의 〈멜랑콜리아 I〉에는 저울, 컴퍼스, 모래시계, 마방진(어떤 열의 숫자들을 더해도 항상 같은 합이 나오도록 숫자가 배열돼 있는 사각형의 숫자판), 구체, 연금술 항아리, 이상한 모양의 톱 등 다양한 수학적·과학적 장치들이 등장하는데, 가장 흥미로운 물체는 사색하는 젊은 천사의 오른편에 등장하는 다면체이다. 천사의 발아래 있는 톱과 연장은 이 다면체가 어떤 간단한 물건을 깎아서 만든 것임을 시사하는 듯하고, 다른 한편으로는 천사가 어떻

▶ **그림 10** 뒤러가 처음 발견한 '다듬은 6면체'의 전개도. 뒤러는 화가이면서도 기하학에 대한 소양이 매우 깊었다.

게 하면 다면체를 깎아서 아래에 보이는 구형의 물체를 만들까 고민하고 있음을 암시하는 듯도 하다. 당시 신비주의 철학자 피치노는 멜랑콜리(우울)를 위대한 천재들이 빠지기 십상인 심리로 해석했는데, 이후 많은 미술사가들은 이 그림을 뒤러라는 천재의 자화상으로 해석해왔다. 그렇지만 최근의 한 미술사가는 이 그림을 '아름다움이란 무엇인가'에 대한 비판적 성찰을 천사가 고뇌하는 모습으로 형상화한 것이라고 해석했다.(Doorly 2004)

이렇게 미술사가들은 〈멜랑콜리아 I〉이 의미하는 바를 해석하기 위해 수백 년간 애를 썼는데, 그림에서 보이는 뒤러의 다면체가 대체 어떻게 만들어졌는가 하는 문제도 사람들의 골치를 썩였다. 그런데 답은 의외로 간단하다. 한 가지 힌트는, 이 다면체는 플라톤의 다면체가

▶ **그림 11** 알브레히트 뒤러의 〈멜랑콜리아 I〉, 1514.

1. 근대 과학의 탄생

 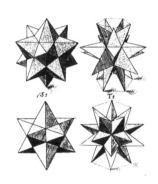

▶ **그림 12** 다듬은 12-20면체.
▶ **그림 13** 케플러가 처음으로 찾아낸 별 모양의 다면체들.

(물론) 아니며, 아르키메데스의 다면체도 아니라는 것이다. 일종의 트릭이 사용되었는데 독자 스스로 답을 찾아보기 바란다(답은 53쪽 하단 참조).

15세기 말엽에서 16세기 초에 이르면 아르키메데스의 준정다면체 열세 개 중에서 프란체스카가 여섯 개를 발견하고, 파치올리가 12-20면체와 부풀린 6-8면체를, 뒤러가 깎은 6-8면체와 다듬은 6면체를 찾아냈다. 이제 남은 것은 세 개인데, 16세기의 기하학자 다니엘레 바르바로(1514~1570)가 깎은 12-20면체와 부풀린 12-20면체를 찾아냈다. 마지막 다면체인 다듬은 12-20면체는 위대한 천문학자 요하네스 케플러(1571~1630)가 17세기 초에 발견해서 그의 《우주의 조화》(1616)에 실었다.

뒤에서 보겠지만 케플러는 젊은 시절부터 플라톤의 다면체에 관심이 많았고, 이를 우주 구조에 적용하려고 했다. 시간이 지나면서 그는 플라톤의 다면체에서 아르키메데스의 다면체로, 그리고 준정다면체는 아니지만 다른 규칙을 가진 다면체로 관심을 확장했다. 그는 '케플러의 다면체'라고 불리는 별 모양의 다면체들도 찾아냈다. 지금 우리가 부르는 아르키메데스의 다면체들 이름, 예를 들어 부풀린 12-20면체, 깎은 6-8면체 같은 이름은 모두 케플러가 지은 것이다.

아르키메데스의 다면체는 15~17세기에 예술과 과학을 이어준 연결 고리였다. 기하학을 공부하고 고대를 복원하려는 예술가들의 갈망에 불을 지폈으며, 케플러 같은 과학자를 다면체 자체의 성질에 대한 깊은 수학적 탐구의 길로 이끌었다. 20세기 들어서도 아르키메데스의 다면체가 과학 탐구의 영역에 다시 등장한 바 있다.

영국의 과학자 해럴드 크로토는 우주에서 오는 마이크로파를 이용해 독특한 구조의 탄소 사슬을 찾으려 했다. 1985년 그의 연구팀에 미국인 리처드 스몰리가 합류했는데, 그는 다양한 물질에 고에너지 레이저를 쏘여서 물질의 특성을 연구하던 사람이었다. 스몰리는 크로토의 연구에 관심을 가지게 되었고, 자신이 사용하던 레이저를 이용해 헬륨 가스 속의 탄소를 연구하기 시작했다. 이들은 연구 과정에서 질량수 720의 어떤 탄소 덩어리(클러스터)를 찾아냈다. 탄소의 질량수가 12이기 때문에, 질량수 720은 탄소가 예순 개 모였음을 의미하는 듯했다. 이들은 어떤 구조로 이루어지면 탄소가 예순 개 모일까 고민하다가, 깎은 20면체(축구공)를 떠올렸다. 깎은 20면체는 열두 개

▶ **그림 15** 벅민스터 풀러가 1967년 캐나다 몬트리올 엑스포의 미국관으로 제작한 측지선 돔. 현재는 몬트리올 생태구Biosphère로 이용되고 있다.

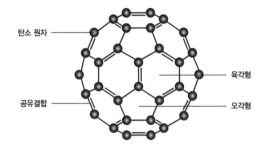

탄소 원자

육각형

공유결합

오각형

▶ **그림 14** '깎은 20면체' 구조로 이루어진 C60의 분자 구조.

의 오각형과 스무 개의 육각형으로 이루어졌고, 이 꼭짓점들에 탄소가 하나씩 대응한다면 모두 예순 개의 탄소 원자가 모인 구조가 이루어지는 셈이었다.

탄소만으로 형성된 구조로는 다이아몬드와 흑연만이 알려져 있었던 상황에서, 이들의 발견은 새로운 형태의 탄소 구조가 있을 수도 있음을 시사하는 획기적인 것이었다. 크로토와 스몰리는 어렸을 때 몬트리올 엑스포에서 감명 깊게 본, 벅민스터 풀러가 설계한 측지선 돔geosedic dome(당시 미국관이 이 풀러의 돔을 채용해서 지어졌다)을 떠올리고, 자신들이 발견한 새로운 C60 탄소 구조에 '벅민스터풀러린buckminsterfullerene'이란 이름을 붙였다. 화학자들은 이 긴 이름을 줄여서 '풀러린'이라고 불렀지만, 일반인들은 이것이 축구공과 같은 구조라는 데 착안해 '버키볼buckyball'이라고 불렀다. 크로토와 스몰리의 가설은 1991년에 엑스레이 회절 실험 등에 의해서 검증되었고, 이들

▶ **그림 16** 마우리츠 코르넬리스 에스허르의 〈별〉, 1948.

은 1996년에 노벨상을 받았다. 버키볼의 성질을 규명하는 것은 요즘 나노 과학의 중요한 연구 주제가 되고 있다.(Spector 2012)

다면체는 20세기에도 예술가들의 상상력을 자극하고 있다. 20세기 회화사에서 점점 중요하게 평가되는 마우리츠 코르넬리스 에스허르 (1898~1972)의 그림에는 종종 다면체가 중요한 모티프로 등장한다. 예를 들어 그의 유명한 〈폭포〉에서는 탑 위에 그려진 두 개의 다면체를 볼 수 있다.

그렇지만 온갖 다면체가 등장하는 작품은 뭐니 뭐니 해도 에스허르의 〈별〉이다. 〈별〉에는 열다섯 개의 다면체가 등장하는데, 이제 여러분은 이것들을 다 알아볼 수 있겠는가?

정답: 정6면체(주사위를 생각하면 된다)의 대척되는 모서리 두 개를 손으로 잡고 살짝 늘인다. 이후 이 늘어난 다면체의 두 꼭짓점 부분을 잘라내면 뒤러의 다면체가 만들어진다.

엄청난 규모를 자랑했던 우라니보르 관측소 이야기
튀코 브라헤의 우주관 vs. 코페르니쿠스의 지동설
리치올리의 《새로운 알마게스트》 표지화에는 어떤 사연이?

02

튀코 브라헤의
'하늘의 성'
어둠의 과학, 빛의 과학

———————— 실험실은 16~17세기 과학혁명기에 화학(연금술을 포함한)과 물리학(천문학을 포함한) 분야에서 등장했다. 지금의 실험실과 비슷한 당시의 공간으로 두 가지를 꼽을 수 있는데, 하나는 연금술사들의 '부엌'이다. '연금술alchemy'은 '화학chemistry'이라는 말의 어원이기도 한데, 연금술사들은 자신들의 실험실인 부엌에서 다양한 화학물질을 결합하고, 화학반응을 이용해 새로운 물질을 합성하고, 물질을 증류하고, 산을 이용해 물질을 녹이는 등의 실험 작업을 수행했다. 실험실과 흡사한 또 다른 장소는 천문학자들의 관측소였다. 천문 관측소에서는 주로 다양한 천문 기기들을 사용해 행성과 별의 운행을 기록하고, 하늘에서 나타나는 규칙적인 현상을 예측했다. 덴마크의 천문학자 튀코 브라헤(1546~1601)의 《복원된 천문학

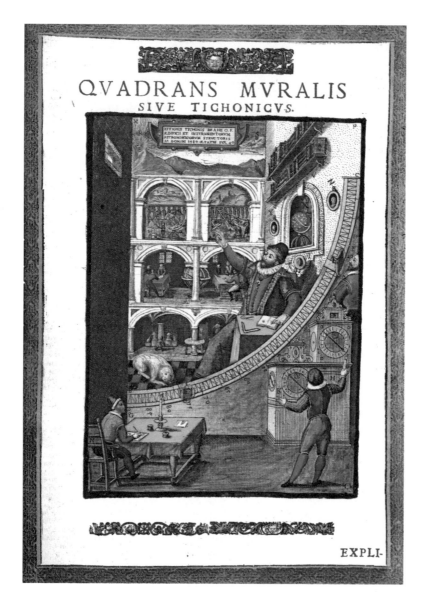

▶ **그림 1** 튀코 브라헤의 《복원된 천문학을 위한 도구》(1598)에 수록된 그림.

을 위한 도구》(1598)라는 책에 나오는 한 장의 그림에서는 이 두 공간이 흥미롭게 비교된다.

천문학과 튀코 브라헤

브라헤를 이해하기 위해서는 천문학의 역사에 대한 약간의 배경 지식이 필요하다. 고대 그리스의 천문학은 플라톤에 의해서 체계를 갖추었고, 에우독소스 같은 수학자들에 의해서 점점 더 정교한 형태로 발전했다. 또 아리스토텔레스는 이런 지구 중심의 우주론을 철학적으로 정당화했다. 이런 체계는 헬레니즘 시대의 위대한 천문학자 프톨레마이오스에 의해서 완성되었다. 그의 저작《알마게스트Almagest》('알마게스트'는 '최고로 위대한'이라는 뜻의 아랍어)는 이후 1000년 넘게 (아랍 지역에서) 천문학자들의 '바이블'이었다. 프톨레마이오스에 의해 완성된 고대 천문학은 지구가 우주의 중심에 움직이지 않고 고정되어 있으며 천체는 이 고정된 지구 주위를 도는 원운동을 한다고 보았다. 여기에서 그는 원운동의 복잡한 조합을 사용해 행성의 운동을 기술했다.

프톨레마이오스가 고대 천문학을 대표한다면, 근대 천문학을 대표할 뿐만 아니라 천문학의 역사에서 가장 혁명적인 업적을 남긴 사람은 코페르니쿠스이다. 그는 수천 년간 사람들이 아무런 의심 없이 믿었던 천동설을 부정하고 지구가 자전과 공전을 한다고 주장했다. 그러나 코페르니쿠스의 이론은 당시 사람들에게 행성의 운동을 계산하는 또 다른 수학적인 테크닉 정도로 받아들여졌다. 그러다가 반세기쯤 뒤, 태양이 우주의 중심이고 지구는 다른 행성과 마찬가지로 태양의 주위를 돈다는 것을 세상의 작동 원리로 받아들이고 이 태양 중심의 천문학을 완성한 천문학자가 바로 요하네스 케플러이다.

천동설을 부정한 코페르니쿠스조차 버리지 못했던 오래된 가정이 있었으니, 바로 모든 천체가 원운동을 한다는 것이었다. 그는 당시 알려져 있었던 여섯 개의 행성인 수성, 금성, 지구, 화성, 목성, 토성이 태양 주위를 도는 원운동을 한다고(더 정확하게는 원의 조합으로 이루어진 태양 주위의 궤도를 돈다고) 믿었다. 케플러는 스승에게 물려받은 행성 관측 데이터를 몇 년에 걸쳐 골똘히 해석하다가, 행성이 원이 아니라 타원 궤도를 그린다고 주장했다. 행성의 운동 궤적을 태양의 주위를 도는 타원형으로 이해하니 행성의 운동을 더 정확하게 기술할 수 있었고, 이는 당시 유럽의 천문학자들이 코페르니쿠스 체계를 받아들이기 시작한 가장 중요한 요인이 되었다. 케플러는 수성, 금성, 지구, 화성, 목성, 토성 같은 행성들이 태양 주위를 도는 타원운동을 한다고 주장했지만, 왜 타원운동을 하는지는 밝히지 못했다. 케플러보다 세 세대 뒤에 태어난 뉴턴은 행성이 타원운동을 하는 이유는 만유인력 때문임을 수학적으로 밝혔다.

케플러의 스승이 브라헤이다. 그는 천문학자들 사이에서 맨눈으로 관측했던 천문학자 중 가장 위대한 천문학자로 꼽히는 사람으로, 망원경이 발명되기 전에 이미 굉장히 정밀한 천문 데이터를 집적한 것

▶ **그림 2** 에두아르트 엔더의 〈프라하 성의 루돌프 2세와 튀코 브라헤〉, 1855.

으로 유명하다.

그림 2는 19세기 화가 에두아르트 엔더의 작품이다. 여기서 브라헤는 사망하기 전 몇 해 동안 그를 후원했던 보헤미아의 루돌프 2세에게 우주의 구조를 설명하고 있다. 그림의 오른쪽 끝에는 브라헤가 천체 관측 도구로 사용한 사분의四分儀가 보인다. 사분의는 360도를 4분

한 90도 각도를 측정하는 도구라는 뜻이다. 왕의 발밑으로는 우주 구조를 그린 천문도가 희미하게 보이는데, 여기에는 브라헤 자신의 독특한 우주관이 반영된 듯하다. 그림의 왼쪽 구석에는 무엇인가를 기록하는 사람이 있는데 브라헤의 조수일 가능성이 크며, 브라헤 뒤에서는 수도사 복장을 한 사람이 그의 천문학 책으로 보이는 저술을 검토하고 있다. 당시 기독교인들은 브라헤의 우주 구조를 환영했는데, 특히 예수회에 소속된 학자들이 그러했다.

브라헤는 덴마크 귀족 집안에서 태어났다. 아버지는 올보르의 총독이었고, 나중에는 왕국의 의원을 지냈다. 조부와 증조부 등 가문의 어른들은 왕을 뽑고 전쟁을 결정하는 덴마크 최고회의의 의원들이었다. 형제들도 정치의 길을 걸어서, 최고회의의 의원이 된 사람들이 많았다. 그는 처음에는 코펜하겐대학교에서 법학을 전공했지만 법이나 정치를 싫어했고, 그 이전부터 천문 관측에 관심과 재능이 많았다. 그는 1572년에 카시오페이아자리에서 초신성을 발견했고, 이것이 당시 사람들의 생각과 달리 혜성은 아니라고 주장했다. 그는 또 혜성의 운행이 달 밑 세상인 지상계에서 일어나는 현상이 아니라 달의 궤도 위에 존재하는 천상계에서 여러 개의 천구(태양이나 행성들은 수정水晶 비슷한 물체에 붙어서 지구 주위를 회전한다고 여겨졌으며, 이 수정과 비슷한 물체를 천구天球라고 했다)를 가로질러 일어나는 현상임을 밝혔다. 게다가 브라헤가 측정을 통해 밝힌 혜성의 궤도는 지구가 아닌 태양을 도는 것으로 판명되었다. 아리스토텔레스의 우주론에 의하면 천상계에서는 어떤 변화도 있을 수 없었고, 혜성과 같은 물체가 천구를 가로지

　　　　　　　　　　　　　　　　　　　　　　1. 근대 과학의 탄생

르며 운동한다는 것은 더더욱 상정하기 어려웠기에, 브라헤의 이러한 주장에 아리스토텔레스주의자들은 당혹스러워했다.

브라헤는 성격이 괴팍했다고 알려져 있는데, 재미있는 일화가 여럿 있다. 그는 다른 귀족들처럼 결투를 즐겼는데, 독일의 대학에 다닐 때 옆집에 사는 덴마크 귀족과 결투하다가 이마를 크게 다치고 콧대가 무너지는 부상을 입었다. 목숨은 건졌지만, 상처가 아문 뒤에는 자신의 결점을 숨기기 위해서 금으로 만든 코를 붙이고 다녔다. 그 때문에 브라헤가 금속 코를 한 모습으로 등장하는 초상화가 여럿 있다.* 또 그가 커다란 사슴을 길들여 애완동물로 삼았다는 일화도 유명하다. 이 사슴은 원래 잘 아는 귀족에게 선물하려 했던 것인데 어느 날 술을 먹고 계단을 오르다 떨어져서 발을 다친 뒤에 결국 죽었다고 한다.

천공의 성 vs. 지하의 암실

천문학에 대한 브라헤의 애정은 그와 같은 귀족에게는 걸맞지 않았다. 그가 유럽 이곳저곳을 여행하던 1575년에 덴마크 왕 프레데리

---

* 20세기 초에 튀코 브라헤의 무덤을 열어 유골을 검시해보니 해골의 코 부분이 녹색으로 변해 있었다. 이는 보통은 구리의 작용에 의해 생기는 현상으로, 그가 구리가 포함된 합금으로 코를 만들어 붙였다는 증거가 된다. 연금술에 대한 그의 관심은 자신의 코를 위한 가장 좋은 합금을 찾으려는 노력과 무관하지 않다. (Christianson 2000)

▶ **그림 3** 벤섬에 있었던 브라헤의 우라니보르 관측소.

크 2세는 그의 천문학 연구를 후원하고 덴마크 영토인 벤섬을 평생
마음대로 쓸 수 있게 해주겠다고 제안했다. 당시 브라헤는 초신성을
관측해 이미 유명 인사였다. 그는 고민하다가 왕의 제안을 받아들였
고, 아낌없는 후원을 받아 벤섬에 거대한 관측소 우라니보르Uraniborg

1. 근대 과학의 탄생

를 지었다. 당시 이 관측소를 짓고 관측 장비를 구매·제작·유지하는 데 엄청난 비용이 들었는데, 프레데리크 2세가 사비로 이를 지원했다. 당시의 덴마크 재정 수준을 고려하면 브라헤의 관측소를 지원한 예산은 지금 미국 정부가 NASA의 우주 탐험 프로젝트를 지원하는 예산에 비견할 만한 규모였다고 한다. 어떤 이는 지금의 50억 달러(6~7조 원)에 해당하는 금액이라고 추정하기도 했다.[*] 브라헤가 받은 지원은 당시의 유럽 사회에서도 전례 없는 규모였다.

왜 왕은 브라헤의 천체 관측에 그처럼 엄청난 경비를 지원했을까? 당시 서양에는 점성술의 전통이 강하게 남아 있었다. 왕은 천문 현상을 이해하고 예측하는 것이 자신의 운명과 국가의 길흉을 아는 데 중요하다고 여겼고, 이런 이유로 종종 천문학자를 후원했다. 브라헤는 왕자들이 태어날 때마다 별자리에 따른 운수를 예측해 왕실에 보고했으며, 매년 왕실의 운수를 보고했다.(Christianson 1979) 예를 들어 1577년 4월 12일에 태어난 미래의 국왕에 대해서 30세부터 50세까지의 길흉에 대한 예언을 제공했으며, 1577년의 혜성이 전쟁, 질병, 극심한 추위와 더위를 예견하는 징조라고 해석했다. 그렇지만 그는 혜성이 종말의 징조라고 선전하던 당시의 천문학자들과는 의견을 같이하지 않았으며, 오히려 그들을 사이비 예언자라고 비판했다. 또 지도 제작과 지리학 연구에 참여했고, 제자로 하여금 기후에 따라 왕실

• https://www.straightdope.com/21342418/did-astronomer-tycho-brahe-really-have-a-silver-nose

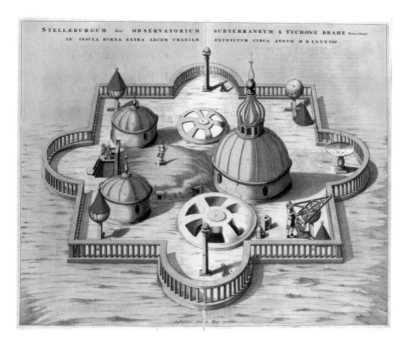

▶ **그림 4** 브라헤의 두 번째 관측소 스티에르네보르의 조감도.

의 길흉을 파악하는 책을 만들게 했다.

그의 거대한 관측소는 왕실을 방문한 귀빈들의 구경거리이기도 했다. 왕비도 이 관측소를 방문했고, 덴마크 왕을 찾은 유럽의 명사들은 브라헤의 관측소를 구경하러 종종 벤섬에 들렀다. 브라헤는 프레데리크 2세의 절대적 신임을 얻어, 왕에게 무엇을 요구할 정도의 위치에 이르렀다. 그렇지만 오만한 성격 때문에 1596년에 새로 왕이 된 크리스티안 4세와 불화가 잦았고, 결국 1597년에 쫓겨나듯이 벤섬을 떠나 프라하로 갔다. 그가 암살자를 피해서 야밤에 도주했다는 얘기도 있는데, 역사적 근거는 분명치 않다. 그가 프라하로 간 지 몇 년 안 되어 우라니보르는 파괴되었고, 현재는 흔적밖에 남아 있지 않다.

우라니보르는 '하늘에 떠 있는 성'이라는 뜻이다. 그림 3은 당시 우라니보르의 외양을 그린 것이다. 브라헤는 여러 정교한 천문 관측 기기를 만들어 우라니보르에 갖다 놓았으며, 이를 이용해 주요 천문 관측을 수행했다. 1584년에 그는 땅을 파서 건물을 대부분 땅속에 묻은 형태의 두 번째 관측소 스티에르네보르Stjerneborg('별의 성'이라는 뜻)를 만들었다. 그러한 설계 방식을 택한 이유는 관측 기기가 바람이나 날씨의 변화에 따른 건물의 미세한 요동에 영향을 받지 않게 하려는 목적이었다.

스티에르네보르에는 한쪽 울타리(그림 4에서 볼 때 왼쪽 울타리)의 중앙에 지하로 내려가는 계단이 있었다. 이 계단을 따라 내려가면 사각형 대기실이 나오고, 대기실의 네 벽면에는 천문학의 발달에 대한 브라헤의 견해가 벽화로 묘사돼 있었다. 벽면마다 두 명의 천문학자의 초상이 그려져 있었는데, 고대 천문학자인 티모카리스와 히파르코스, 프톨레마이오스와 아랍의 천문학자 알바타니, 알폰소와 코페르니쿠스, 그리고 브라헤와 브라헤의 뒤를 이을 미지의 천문학자 '튀코니데스'가 짝을 이루어 한 면씩을 차지했다. 또 브라헤는 각 천문학자의 초상화에 그의 업적을 설명하는 족자를 걸어두었는데 본인의 초상화 옆에는 족자를 거는 대신 "만일 그렇다면 어떻게 될 것인가Quid si sic"라는 문구를 적어두었다. 이 질문은 후대 천문학자들이 선대의 업적을 판단하는 근거로 사용되었고 17세기 자연철학자 윌킨스의 저서 등에서 계속 인용되었다. 다음 장에서 보겠지만 브라헤의 이런 아이디어는 제자 케플러에게 깊은 영향을 주었다.(Rammert 2007; Gattei 2009)

우라니보르의 내부 구조에 대한 약간의 정보는 브라헤의 《복원된 천문학을 위한 도구》에 나오는 그림에서 찾을 수 있다. 이 책은 브라헤가 만들어 사용한 천체 관측 기구들을 하나하나 자세히 설명한 것이다. 브라헤는 많은 관측 기구를 직접 설계했고, 이를 제작한 뒤에는 테스트하고 개량해가면서 사용했다. 그가 가장 자랑한 기구가 우라니보르의 한쪽 벽면을 다 차지하는 거대한 사분의였다(그림 5). 이 사분의가 설치된 벽에는 브라헤의 실물 크기 초상화와 우라니보르의 내부 구조에 대한 그림을 그려 넣었다. 《복원된 천문학을 위한 도구》에 이 벽면 사분의를 설명하는 장이 있는데 여기에는 이 벽화도 간략하게 재현되어 있다. 이를 통해 우리는 우라니보르의 내부 구조를 짐작할 수 있다.

사분의는 천문학자들이 행성 같은 천체가 천구의 경선經線을 통과하는 지점을 관찰해서 기록하는 천문학 관측 도구였다. 당시 천문학자들은 보통 하나의 기기를 다른 방식으로 이용해서 여러 천문 현상을 측정하곤 했는데, 브라헤는 이에 반대했다.(Chapman 1989) 하나의 기기가 하나의 변수를 측정하도록 특화해야 오류의 확률이 낮아진다는 이유에서였다. 그는 하나의 기기가 하나의 천문학적 기능만을 수행하도록 설계했고, 그만큼 관측 활동에 수많은 기기가 필요했다.

물론 덴마크 왕의 넉넉한 지원 덕에 이런 호사도 누릴 수 있었다.

사분의가 얼마나 크고 정밀하냐에 따라 천문학 관측 데이터의 정확성이 결정되었다. 브라헤의 벽면 사분의는 반지름이 1.8미터에 달할 정도로 엄청나게 컸고, 1도를 세분한 눈금까지 정확하게 매겨져 있었다. 이 사분의를 이용하면 각도를 최대 1분의 1/6까지, 즉 10초까지 잴 수 있었다고 한다(각도 1도는 60분이고, 1분은 60초). 그러니 당시에 브라헤가 다른 어떤 천문학자도 따라올 수 없는 정밀도로 천체의 각도를 측정했음을 알 수 있다. 나중에 브라헤의 관측 결과를 사용한 케플러는 브라헤의 관찰 데이터와 원운동의 이론값에서 8분의 오차를 좁힐 수 없었다. 그는 브라헤 데이터의 오차가 8분보다는 훨씬 적다고 판단하여 브라헤 데이터를 받아들였다. 반면 천상계를 기술하는 근본원리인 원운동이 잘못된 가정이라고 결론 내리고, 결국 이를 포기했다. 케플러는 브라헤 데이터의 오류가 1분 미만이라고 판단했기 때문이다.

사분의를 그린 그림을 보면 사분의 주변에 세 명의 조수가 등장한다. 이들은 각각 각도를 관찰하고, 시간을 재고, 관측 결과를 기록하고 있다. 그러나 브라헤는 방대한 양의 자료를 남겼으면서도 조수의 역할은 전혀 언급하지 않았다. 관측 기기들은 브라헤의 철저한 감독하에 제작되었으며, 천문 관측도 그의 감독하에 실행되었고, 그만이 볼 수 있는 노트에 기록되었다. 그는 이 관측 기기와 관찰 기록을 자신의 소유물로 여겼다. 특정 기록들은 출판했지만, 전체 관찰 기록은 절대로 공개하거나 다른 사람들과 공유하지 않았다.(van Helden 1994) 우

▶ **그림 5** 우라니보르의 사분의와 벽화를 재현한 그림. 색을 입혀 표시한 부분이 사분의. 브라헤의 벽면 사분의는 반지름이 1.8미터에 달할 정도로 엄청나게 컸고, 1도를 세분한 눈금까지 정확하게 매겨져 있었다.

▶ **그림 6** 우라니보르 벽화의 세부. 브라헤의 오른손 뒤쪽에 네 가지 천문 관측 기기가 그려져 있다. 1번은 강철 사분의, 2번은 혼천의, 3번은 시차 측정자, 4번은 천문 육분의이다.

▶ **그림 7** 우라니보르 벽화의 세부. 위쪽 두 그림은 일층에 위치했던 도서관을 묘사한다. 도서관 중앙에는 놋쇠 천구의가 전시되어 있고, 탁자에서는 브라헤의 조수들이 관측 기록에 대해 토론하고 있다. 아래쪽 두 그림은 지하실에 위치한 연금술 실험실로 보인다.

라니보르의 모든 물건을 자기 것으로 여길 정도로 소유욕이 강했기에, 자신의 저작 속에 조수의 존재를 드러내지 않은 것은 어찌 보면 당연한 일이기도 했다.

벽화에 그려진 브라헤는 창문을 통해 하늘을 가리키고 있는데, 이는 천문학이 빛의 학문임을 상징한다. 브라헤의 등 뒤에는 혼천의가 있고, 혼천의 좌우에 왕과 왕비의 초상화가 걸려 있다. 그 위에는 책들이 선반 두 개를 채우고 있는데, 이는 브라헤의 도서관을 상징한다. 그가 들고 있는 오른손 뒤편에는 우라니보르의 내부 구조가 그려져 있다. 건물 꼭대기에는 네 가지 천문 관측 기기가 그려져 있다. 1번은 움직이면서 방위각을 잴 수 있는 강철 사분의이고, 2번은 황도에 맞춰진 혼천의이며, 3번은 프톨레마이오스의 자라고 불린 시차視差 측정자이고, 4번은 삼각형 모양의 천문 육분의이다. 이 관측 기기들은 모두 브라헤가 설계한 것으로, 우라니보르와 스티에르네보르에 설치되어 천문 관측에 사용되었다.

그 아래에는 우라니보르의 일층에 위치했던 도서관이 묘사되어 있다. 도서관 중앙에는 브라헤가 제작하고 몇 년에 걸쳐 정교하게 별의 위치를 새겨 넣은 놋쇠 천구의가 전시되어 있다. 이 천구의는 직경 1.5 미터에 이르는 엄청난 크기였으며, 1000개가 넘는 별의 위치를 정교하게 표시하고 있었다. 도서관의 탁자에서는 브라헤의 조수들이 모여 관측 기록에 대해 토론하고 있다.

그 아래의 어두운 공간은 연금술 실험실이었다. 천문학 연구실은 옥상에 위치하여 하늘에 맞닿아 있었고 가장 밝았다. 도서관도 일층

1. 근대 과학의 탄생

에 있었기 때문에, 창문을 통해 빛이 들어와 밝은 상태가 유지되었다. 반면에 연금술 실험실은 지하실에 자리 잡았고, 창문도 보이지 않는 어두운 장소로 그려져 있다. 브라헤의 연금술에 대해서는 알려진 바가 많지 않지만, 그는 의학적인 목적에서 연금술 실험을 했을 것으로 추정된다.

과학사학자 오언 하나웨이는 이 그림이 브라헤가 생각한 당시 학문들 간의 위계질서를 보여준다고 해석한다.(Hannaway 1986) 브라헤의 자연관 속에서 하늘을 관측하는 천문학은 가장 상위 학문이자 하늘의 빛, 즉 신의 계시를 직접 받는 학문이었다. 이에 비하면, 비록 브라헤가 우라니보르 관측소에서 연금술 연구를 수행하긴 했어도 연금술은 하위 학문으로 간주되었고, 이 벽화에서 지하실에 숨겨야 하는 속성을 가진 학문으로 묘사되었다. 이는 브라헤만이 아니라 당시 과학자들의 전반적인 인식을 보여준다고 하나웨이는 주장한다. 현재는 점성술과 연금술이 상당히 비슷한 학문(즉 모두 사이비 과학)으로 여겨지지만, 당시에는 점성술이 천문학과 분리하기 힘들 정도로 비슷한 학문으로 간주되고 천문학과 마찬가지로 높은 평가를 받은 반면에 연금술은 그렇지 못했다. 근대 초기에는 점성술과 연금술이 분명히 구분되고 확실하게 위계를 달리했다는 사실이 꽤 흥미롭다.

하나웨이의 해석에 따르면 브라헤에게 연금술은 어두운 지하의 학문이었다. 그러나 근대에 들어 점차 신비스러운 색채를 벗어버리고 과학의 일부로 발전하게 된 화학은 연금술과 거리를 두면서 스스로를 지하의 학문인 연금술과는 대비되는 지상의 학문, 빛의 학문으로

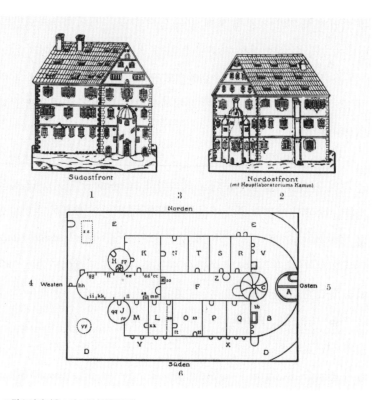

▶ **그림 8** 리바비우스가 그린 '화학의 집'.

자리매김했다. 예를 들어, 안드레아스 리바비우스라는 화학자는 '화학의 집'이라는 가상의 실험 공간을 그린 그림에서 화학 실험실에 창문이 많이 나 있어 밝은 빛이 쏟아져 들어오는 모습을 묘사했다. 하나웨이는 이 그림이 브라헤의 어두운 연금술과 밝은 화학을 구분하려는 리바비우스의 노력을 보여준다고 평가한다.

이런 하나웨이의 해석은 공간을 통해 당시 학문의 지형을 새롭게 해석한 시도로 높은 평가를 받았지만, 이에 대한 반론이 없는 것은 아니다. 과학사학자 졸 섀클퍼드는 우라니보르의 측면도를 근거로 브라헤의 우라니보르의 지하실에 실제로 창문이 있었다고 반박했다. 우리가 쓰는 용어로 말하자면, 연금술 실험실이 지하가 아니라 반지하에 있었다는 것이다.(Shackleford 1993) 또 연금술 실험실이 볕이 가장 잘 드는 남향에 위치했다는 것은, 그가 의도적으로 빛을 차단한 어두운 실험실을 만들려 하지 않았음을 보여준다고 논박한다. 무엇보다 브라헤가 화학(연금술) 실험실을 지하에 둔 이유는 옥상에 관측소를 두고 일층에는 도서관을 마련하는 것이 가장 적절하여 남은 공간인 지하에 실험실을 배정했기 때문이지 화학(연금술)을 어둠의 학문으로 생각했기 때문이 아니라는 것이다. 물론 당시 리바비우스가 브라헤의 연금술을 어둠의 과학이라고 비판한 것은 사실이지만, 이는 새로운 화학의 사회적 지위를 정당화하려는 리바비우스의 독특한 전략일 뿐, 브라헤에 대한 객관적인 평가라고 보기는 어렵다고 섀클퍼드는 주장한다. 섀클퍼드에 따르면 하나웨이는 리바비우스의 전략적 비판을 곧이곧대로 받아들인 셈이다.

아이러니하게도 현대 화학 실험실에서는 빛을 차단하는 일이 가장 중요하다. 빛은 여러 화학반응에 영향을 미치기 때문에 빛을 통제하지 못하면 화학반응이 엉망이 되어버리므로 철저한 실험을 위해서 빛은 통제되고 차단된다. 미국에서 빛의 건축가로 유명한 루이스 칸이 어떤 화학 실험실 건물을 빛을 최대한 받을 수 있게 설계한 적이 있

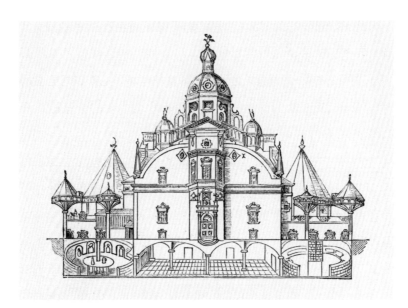

▶ **그림 9** 우라니보르의 동쪽 면. 지하실에 창문 절반 정도가 걸쳐 있었음을 보여준다.

다.(홍성욱 2008) 하지만 화학 연구자들은 실험을 위해 창문에 은박지를 붙여 빛을 차단해야 했고, 그것을 본 칸은 덕지덕지 붙은 은박지가 자신의 건축물에 대한 모욕이라고 생각해서 직접 돌아다니며 은박지를 떼어냈다고 한다. 결국 양측은 은박지가 아닌 커튼을 사용하는 것으로 합의를 보았다.

브라헤의 우주관과 코페르니쿠스의 지동설

천문학자 브라헤는 태양 중심의 코페르니쿠스 우주 체계를 받아들이지 않았다. 그렇다고 옛날의 아리스토텔레스 체계를 고수한 것은 아니었다. 브라헤도 천문학에 처음 관심을 갖기 시작했을 때는 코페르니쿠스 체계에 큰 매력을 느꼈다. 고대의 천문학은 천체 운동을 설명하는 데 너무 많은 가설을 도입해서 마치 누더기 같았는데, 코페르니쿠스의 천문학은 그에 비해 훨씬 더 단순하고 우아한 체계라고 판단한 것이다. 그렇지만 그는 "게으르고 비천한" 지구가 자전이나 공전 같은 빠른 운동을 하는 것은 불가능하다고 생각했다. 반면에, 당대의 아리스토텔레스적 사고에 의해서 우주는 지구와 달리 오묘하고 무게가 없는 물질로 만들어져 있어 아무리 빨리 운동을 해도 마찰을 일으키지 않는다고 보았다. 또 지구가 움직이지 않는다는 생각은 성서의 견해와도 일치했다.(Gingrich and Voelkel 1998) 게다가 1577년의 혜성을 면밀하게 관찰하면서 그는 코페르니쿠스가 틀렸다고 확신하게 되었다. 그가 관찰한 혜성은 금성 궤도 밑으로 태양의 주위를 돌고 있었는데, 만약에 지구도 태양의 주위를 돈다면 혜성의 역행운동*

---

* 행성들이 서에서 동으로 움직이다가 어느 순간에 동에서 서로 움직이는 현상. 지구와 다른 행성들이 태양의 주위를 함께 돌기 때문에 공전 속도와 위치의 차이에 의해서 나타나는 겉보기 운동이다. 지구가 우주의 중심에 있다고 생각한 프톨레마이오스는 이를 주전원 epicycle(원주 위의 작은 원)이라는 가설을 도입해서 설명했다.

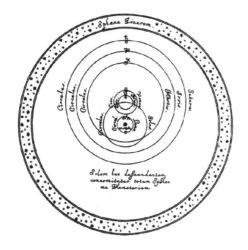

▶ **그림 10** 브라헤의 우주 구조. 지구가 우주의 중심에 있고 달이 지구 위를 돌며, 그 위에 태양이 지구 주위를 돈다. 수성, 금성, 화성, 목성, 토성은 모두 태양을 중심으로 회전한다.

이 관측되어야 했지만 실제 관측 결과는 그렇지 않았다는 것이다. 튀코 브라헤는 혜성의 역행운동이 관찰되지 않는 이유를 지구가 우주의 중심에 고정되어 있기 때문이라고 생각했다.(Blair 1990)

그는 혜성에 대한 자신의 논증이 코페르니쿠스의 오류를 수학적으로 확증했다고 생각했다. 이후 그는 지구가 움직이지 않는다는 전제하에 코페르니쿠스 체계의 장점을 섞은 자신만의 독특한 체계를 만들기 시작했다. 브라헤의 독특한 체계는 1580년대 중반에 거의 완성되었고, 1588년에 책으로 출판되었다. 그 구조는 그림 10과 같다. 여기에서 볼 수 있듯이 그는 아리스토텔레스와 마찬가지로 지구를 우주의 중심으로 보았다. 달과 태양이 지구 주위를 돈다고 설정한 것도 아리스토텔레스와 같다. 그러나 수성, 금성, 화성, 목성, 토성을 비롯한 다

1. 근대 과학의 탄생

른 행성들은 태양 주위를 도는 것으로 묘사돼 있다. 이는 아리스토텔레스와는 다르지만 코페르니쿠스와는 유사한 부분이다. 지구는 중심에 있고 태양은 지구를 돌지만 다른 행성들은 태양 주위를 도는 이 체계는 수학적으로는 코페르니쿠스 체계와 다를 것이 없다.

지금이야 코페르니쿠스의 태양 중심설이 상식 수준의 지식이지만, 당시에 학자 계층이었던 예수회 기독교인들은 코페르니쿠스 체계가 수학적으로 우수하다는 것을 알면서도 종교적 신념 때문에 지구가 돈다는 사실을 받아들이기를 거부했다. 아리스토텔레스의 우주관이 비판받는 상황에서 예수회 학자들은 이것의 대안으로서 코페르니쿠스 체계와 수학적으로 동일한 결과를 낳지만 지구를 여전히 우주의 중심에 두는 브라헤의 체계를 환영하며 즉각 받아들였다.

그림 11은 이탈리아 예수회 선교사이자 천문학자인 조반니 바티스타 리치올리(1598~1671)의 《새로운 알마게스트Almagestum Novum》(1651) 표지 그림이다. 리치올리는 이 책에서 지구가 돌지 않는 일흔일곱 가지 이유를 제시했는데, 그중에는 지구가 돌 경우 포탄의 운동이 영향을 받기 때문에 포탄이 목표 지점보다 약간 빗나간 지점에 떨어져야 한다는 주장도 있었다.* 리치올리의 이 그림을 통해서 당시 과학계에서 권위 있게 받아들여지는 우주론이 바뀌는 상황을 포착할 수

---

* 리치올리는 이런 효과가 발견되지 않기 때문에 지구는 정지해 있다고 주장했다. 이 효과는 '코리올리 효과'라고 불리는데, 18세기에 실제로 관측되었고, 지구가 자전을 한다는 강력한 증거로 받아들여졌다.(Graney 2011)

▶ **그림 11** 리치올리의 《새로운 알마게스트》 표지 그림.

▶ **그림 12** 《새로운 알마게스트》 표지 그림의 중앙. 저울을 들고 있는 여신은 천문학의 여신인 우라니아와 정의의 여신인 아스트라이아를 섞어 놓은 형상이다. 그녀는 왼손에는 천문학을 상징하는 혼천의를, 오른손에는 '정의'를 상징하는 저울을 들고 있다. 저울의 왼쪽에는 변형된 브라헤의 우주 구조, 오른쪽에는 코페르니쿠스의 우주 구조가 매달려 있다.

▶ **그림 13** 《새로운 알마게스트》 표지 그림의 하단. 아리스토텔레스-프톨레마이오스의 우주를 상징하는 구는 바닥에 버려져 있고 프톨레마이오스는 바닥에 누운 늙은이로 묘사되어 있다.

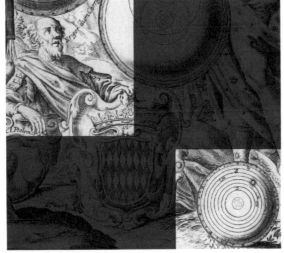

있다. 아리스토텔레스-프톨레마이오스의 우주를 상징하는 구는 바닥에 버려져 있고 《알마게스트》의 저자인 프톨레마이오스는 바닥에 누운 늙은이로 묘사되어 있기 때문이다(그림 13). 이때쯤이면 예수회 선교사들조차 프톨레마이오스 체계를 폐기된 것으로 보아 중요시하지 않았음을 알 수 있다.

그림 12를 보자. 저울을 들고 있는 여신은 천문학의 여신인 우라니아와 정의의 여신인 아스트라이아를 섞어놓은 형상이다.* 그녀는 왼손에는 천문학을 상징하는 혼천의를, 오른손에는 법정에서의 '정의'를 상징하는 저울을 들고 있다. 왼쪽에는 눈이 100개나 되는 아르고스가 망원경을 들고 서 있는데, 그는 성경의 〈시편〉 8장 3절인 "주께서 손수 만드신 저 하늘과 주께서 친히 달아 놓으신 저 달과 별들을 봅니다"라고 중얼거리고 있다. 여신은 저울로 두 개의 우주 구조를 재고 있는데, 오른쪽에 놓인 우주 구조는 브라헤의 우주 구조를 리치올리가 조금 변형한 것이다. 원래 브라헤의 우주에서는 지구가 중심에 있고 달과 태양은 지구 주위를 돌며, 나머지 모든 행성은 태양 주위를 돌지만, 리치올리의 체계에서는 수성, 금성, 화성은 태양 주위를 돌고, 목성과 토성은 지구 주위를 돈다. 저울 왼쪽에는 태양이 우주의 중심에 있는 코페르니쿠스 체계가 있다. 저울의 균형은 오른쪽의 브라헤 체계로 기울어 있다. 이는 브라헤의 체계가 더 중요하다, 또는 진리에

• http://web.ics.purdue.edu/~curd/riccioli.html

▶ **그림 14** 《새로운 알마게스트》 표지 그림의 상단. 그림에서 신의 손가락에서 나온 세 단어는 수, 측정, 무게이다.

더 가깝다는 것을 의미한다. 즉 리치올리는 코페르니쿠스 체계보다 지구가 우주의 중심에 있는 브라헤의 체계를 선호한 것이다. 이는 왜 그의 책 제목이 '새로운 알마게스트'인지 짐작하게 해준다.

그림 상단에는 새로운 천문학의 발견들이 그려져 있다. 우선 수성과 금성 같은 내행성이 마치 달처럼 위상 변화(차고 기욺)를 한다. 이는 갈릴레오가 망원경을 이용해 발견한 것으로, 고대의 프톨레마이오스 체계에서는 잘 설명이 안 되고 코페르니쿠스 체계에서는 쉽게 설명되어 후자를 지지하는 결정적 증거로 간주된 것이었다. 그렇지만 내행성의 위상 변화는 브라헤의 체계에서 쉽게 설명될 수 있었고, 브라헤와 그의 추종자들은 이런 이유를 들어 브라헤의 체계가 코페르니쿠스의 태양 중심설보다 더 우월하다고 강조하곤 했다. 또 이 그림에서는 목성에 네 개의 위성(달)과 두 개의 띠가 그려져 있는데, 전자는 갈릴레오가, 후자는 리치올리 자신이 발견한 것이었다. 목성 위에 있는 토성에는 두 개의 고리가 그려져 있는데, 나중에 이 고리는 반지와 같은 환이라는 것이 밝혀졌다. 목성 아래에는 달이 있는데, 갈릴레오가 처음 알려주었듯이 달의 표면은 분화구와 산 때문에 울퉁불퉁한 모습이다. 천문학의 이런 최신 발견을 그려 넣은 까닭은, 리치올리가 지지하는 브라헤 체계가 그 발견을 모두 포용하고 설명할 수 있음을 강조하기 위해서였다.* 그림에서 팔랑거리는 천 위에 적힌 글은 〈시편〉 19장 2절인 "낮은 낮에게 그의 말씀을 전해 주고, 밤은 밤에게 그의 지식을 알려 준다"이다. 리치올리는 예수회의 세계관이 성경을 충실하게 좇으면서도 수학화된 물리학이나 천문학과 전혀 모순되지 않는다는 사실을 강조하고 있다.

이 그림에는 우주 체계에 대한 내용 말고도 흥미로운 점이 있으니, 신이 세상을 창조하는 메커니즘을 보여준다(그림 14). 그림에서 신의 손가락에서 나온 세 단어는 수numerus, 측정mensura, 무게pondus이다. 이는 무게나 길이의 표준화된 도량형과 숫자를 의미하며, 신이 이것들을 통해 우주를 창조했음을 보여준다. 실제로 가톨릭 성경 〈지혜서〉 11장 20절에는 "그러나 당신께서는 모든 것을 재고 (수를) 헤아리고 (무게를) 달아서 처리하셨습니다"라고 쓰여 있다.

* http://web.ics.purdue.edu/~curd/riccioli.html

이는 신이 직접 설계한 수학적인 질서가 우주를 관통하고 있다는 믿음을 보여준다. 서양의 관념에서는 신이 처음 인간을 만들었던 때의 이상적인 낙원에서는 모든 인간의 언어와 도량형이 하나였다는 믿음을 자주 찾아볼 수 있다. 그러나 인간이 타락하고 바벨탑을 만들어 신에게 가까워지려 하자 신이 노하여 탑 쌓는 일을 막는데, 그 방법이 바로 언어와 도량형을 다르게 해 사람들 간의 소통을 방해하는 것이었다. 근대 이후 국가 간의 교역이 많아지면서 도량형의 불일치로 여러 가지 문제가 생겨나 한 국가는 물론 국제적으로도 도량형을 통일하려는 노력이 나타나는데, 이런 노력을 했던 사람들은 원래 도량형이 하나였다는 믿음을 가지고 있었다.

브라헤의 우주론이 중요한 또 다른 이유는 그것이 당시 예수회 선교사들이 중국에 전파했던 서양 과학의 핵심이었기 때문이다. 예수회 선교사들은 코페르니쿠스 체계 대신 브라헤 체계를 수용했고, 동양에도 서양 천문학의 정수로 브라헤 체계를 전수했다. 한국에도 마찬가지로 코페르니쿠스 체계보다 브라헤 체계가 먼저 소개되었고, 코페르니쿠스의 지동설은 나중에야 소개되었다. 부분적으로 이 때문에 한국을 비롯한 동양에서는 선교사들이 천문학을 전수할 때 서양과는 반대되는 한 가지 상황이 나타났다. 서양에서는 땅이 구형이라는 지구설地球說이 월식 등의 증거를 통해 고대 그리스 시대부터 상식으로 받아들여진 데 반해 지구가 돈다는 지전설은 종교적 신념 때문에 쉽게 받아들여지지 않았다. 반면 서양의 천문학을 접한 동양에서는 지구가 자전한다는 사실이 비교적 쉽게 받아들여졌는데, 지구는 우주의 중심이

▶ **그림 15** 도플메이어와 호만의 《우주의 지도》 삽화 중 세부.

고 우주에서는 기가 요동치고 있어 지구가 이런 조건 속에서 운동을 할 수 있다고 믿었기 때문이다. 하지만 중화사상이 지배하던 동양에서 지구가 둥글다는 사실은 쉽게 받아들여질 수 없었다. 지구가 구형이라면 중화라는 것이 특별한 의미를 지니기 어렵기 때문이었다. 물론 별자리의 변화 때문에 지구가 평평하다고는 생각할 수 없었으므로, 결국 동양인들은 양자를 절충해 지구가 곡면을 가진 반구에 가까운 형태일 것이라고 여겼다.

브라헤의 우주관은 장수하지는 못했다. 17세기 과학혁명기를 주도했던 갈릴레오, 데카르트, 호이겐스, 뉴턴, 라이프니츠 같은 과학자들은 코페르니쿠스의 지동설을 받아들였다. 그림 15는 요한 가브리엘 도플메이어와 요한 밥티스트 호만이 1742년에 쓴《우주의 지도》라는 책에 나오는 그림이다.(Graney 2011) 이들은 브라헤의 우주론을 매우 상세하고 호의적으로 논했다. 그림에서 천문학의 여신 우라니아는 브라헤의 우주 구조(가운데)와 코페르니쿠스의 우주 구조(오른쪽)를 대비하고 있지만 이 중 코페르니쿠스의 태양 중심설을 선택하고 있다. 아리스토텔레스-프톨레마이오스의 지구 중심설(왼쪽)은 깨어진 채로 버려져 있다. 이 시기가 되면 지구의 자전과 공전은 의심의 여지가 없는 과학적 사실이 된 것이다.

케플러가 튀코 브라헤의 연구 유산을 물려받은 까닭은?
케플러의 우주 구조 문제를 해결한 플라톤의 다면체
《루돌핀 테이블》표지화에 담긴 케플러의 생각

03

케플러의 세계관
우주의 질서와 과학의 진보

───────────── **우주를 관통하는 플라톤의 다면체**

앞 장에서 언급했지만 브라헤는 1597년에 덴마크의 벤섬을 떠나서 프라하에 정착했다. 그는 체코슬로바키아 루돌프 황제의 황실 천문학자가 되었고, 이전만은 못해도 부족한 것 없이 넘치는 후원의 혜택을 입고 있었다. 이 시기에 브라헤는 새로 알게 된 젊은 독일 천문학자 케플러에게서 재능과 가능성을 발견했다. 당시 자신의 천문학 연구를 후원해줄 사람을 찾고 있던 케플러는 소책자《우주의 신비 Mysterium Cosmographicum》(1596)를 출판한 뒤에, 이를 브라헤에게 보냈다. 이 책을 읽고 감탄한 브라헤는 케플러를 '친구' 자격으로 프라하에 초청했는데, 케플러는 한참을 고민하다가 초청을 수락했다. 그도 그럴 것이 당시에 케플러는 브라헤를 자신의 관측 자료를 절대로 공개하지 않고 독점하는 돈 많고 욕심 많은 사람에 불과하다고 여겼기 때문이다.

이렇게 만난 둘은 프라하에서 1년 조금 넘는 기간 함께 연구했다. 두 사람은 정밀한 관측에 대한 열정과 우아한 우주 구조에 대한 이론을 만들어보려는 갈망을 품고 있다는 공통점이 있었지만, 근본적인 차이점도 있었다. 코페르니쿠스를 매우 높게 평가하면서도 태양 중심의 우주 구조를 받아들이지 않았던 브라헤와 달리, 케플러는 코페르니쿠스의 열렬한 옹호자였다. 케플러가 보기에 브라헤는 우주의 진실이 천체 현상의 다양성 뒤에 깊숙이 숨겨져 있다는 사실을 알지 못하고 관측에 만족하는 학자였다. 반면 코페르니쿠스는 이런 진실에 처음 접근한 천문학자이자 이후로도 전혀 등장한 적이 없는 인물이라는 것이 케플러의 판단이었다.

그렇지만 케플러나 주변의 누구도 예상치 못한 일이 일어났으니, 브라헤가 1601년 젊은 나이에 갑자기 사망한 것이다. 이제 케플러는 브라헤를 이어서 루돌프 황제의 황실 천문학자로 임명되었고, 더 중요하게는 브라헤가 기록해두었던 관측 데이터를 고스란히 물려받았다. 코페르니쿠스 옹호자였던 케플러는 태양 중심의 코페르니쿠스 체계와 브라헤의 자료들을 맞추려고 노력했다. 그는 화성 데이터를 가지고 연구했는데, 몇 년 동안의 힘든 노력에도 불구하고 채 8분(1분은 1도의 1/60)도 안 되는 미미한 오차 각도를 해결할 수가 없었다. 결국 케플러는 코페르니쿠스의 체계에 무엇인가 오류가 있음을 인정하고 이를 수정하는 방향으로 연구를 전환했다. 그는 코페르니쿠스 체계에서 행성이 원운동을 한다고 보고 이를 조합해서 천체를 설명하려던 시도를 포기하고, 복잡한 원운동을 하나의 타원운동으로 대체했다.

원운동을 고집했던 오랜 전통을 깨고 케플러는 태양이 원의 중심이 아닌 타원의 초점에 위치하고, 행성들은 이 태양의 주위를 타원 궤도로 움직인다고 본 것이다. 타원 궤도로 파악하고 나니 행성의 운동을 훨씬 더 정확히 예측할 수 있었다. 그는 1609년에 출판된 《신천문학》에 지금 우리에게 '케플러의 제1 법칙'으로 알려진 타원운동 법칙의 발견을 공표했다. 그리고 같은 책에서 태양을 중심으로 운동하는 행성이 그리는 면적이 시간에 비례한다는 '케플러의 제2 법칙'도 공표했다. 행성의 평균 반지름의 세제곱이 공전 주기의 제곱에 비례한다는 '케플러의 제3 법칙'은 1619년에 출판된 《우주의 조화》에 발표되었다.*

케플러는 르네상스 시대에 부활한 플라톤주의, 즉 신플라톤주의 우주관에 영향을 받았다. 앞서 보았듯이 플라톤은 우주에 기하학적인 조화가 있다고 믿었고, 수학적으로 접근해 이를 이해하고 궁극적으로 그것에 도달할 수 있다고 여겼는데, 이러한 우주관에 영향을 받은

• 케플러의 세 가지 법칙은 다음과 같다. 1. 행성은 태양을 한 초점으로 하는 타원 궤도를 그리면서 태양 주위를 공전한다. 2. 행성과 태양을 연결하는 가상의 선분이 같은 시간에 쓸고 지나가는 면적은 같다. 3. 행성의 공전 주기의 제곱은 궤도의 긴반지름의 세제곱에 비례한다.

케플러 역시 우주에는 수학적인 조화가 있다고 믿었다. 또 그는 루터교파 천문학자였던 미카엘 마에스틀린(1550~1631)으로부터 천문학을 배웠는데, 당시 독일의 루터교도는 자비로운 신이 창조한 우주를 연구하는 것은 신의 은총을 드러내 보이는 길이라고 생각하여 천문학 연구에 매진했다. 특히 이들은 신이 우주를 기하학적 원리를 이용해서 만들었다고 생각했다. 그 이유는 신은 인간을 사랑하며, 기하학적 원리는 인간이 이해해서 밝혀낼 수 있는 것이기 때문이었다. 다시 말해서 우주를 관통하는 기하학적 원리를 밝히는 것은 피조물인 인간에 대한 신의 사랑을 드러내는 일이 될 수 있었다. 무엇보다 당시 루터교파 천문학자들 여럿이 코페르니쿠스의 태양 중심 체계를 참으로 받아들였는데, 마에스틀린은 초기 코페르니쿠스주의자 중 한 명이었다.(Barker and Goldstein 2001)

젊은 시절, 마에스틀린에게 천문학을 배운 케플러는 자연스럽게 코페르니쿠스의 체계를 받아들였다. 이러한 기반 위에서 플라톤의 다면체 다섯 개를 이용한 기하학적 원리가 어떻게 우주를 관통하는가를 밝혔고, 그 결과를 1596년에 출판해서 브라헤에게 보냈던《우주의 신비》에 담았다. 이 책의 서문은 다음과 같이 시작한다.

나는 이 작은 책에서 가장 선하고 가장 위대한 신이 이 움직이는 세상을 만들고 하늘을 배열했을 때 피타고라스와 플라톤의 시기부터 지금까지 잘 알려져 있는 그 다섯 개의 정다면체를 참조했으며, 이것들의 본성에 천구의 숫자, 비례, 그리고 운동의 계획 등을 모두 맞추었음을 증명

할 것이다.(Barker and Goldstein 2001, 99쪽 재인용)

그의 첫 발상 자체는 우연의 소산이었다. 그는 토성과 목성의 합合(토성과 목성이 태양을 중심으로 일렬로 늘어서는 현상)이 일어나는 패턴을 연구하다가, 어느 날 이 패턴이 거대한 삼각형들의 연속과 비슷하다는 것을 발견했다. 이 발견에 자극을 받은 케플러는 태양을 중심으로 한 수성, 금성, 지구, 화성, 목성, 토성 여섯 개의 행성과 행성 사이의 빈 공간에 삼각형, 사각형, 오각형 등을 그려서 태양으로부터의 거리를 맞추려고 시도했다. 그렇지만 이 시도는 실패를 거듭했다. 무엇보다 이런 다각형의 수는 숱하게 많았으며, 이런 다각형을 가지고는 화성과 목성 사이의 엄청난 거리를 설명할 방도가 없었다.

그러다가 그는 플라톤의 이름이 붙은 다섯 개의 정다면체를 떠올렸다. 정다면체는 다섯 개밖에 존재하지 않고, 이를 잘 배열하면 여섯 개의 행성 사이의 거리를 적절히 맞출 수 있다고 생각한 것이다. 사실 왜 행성이 여섯 개인가라는 문제는 코페르니쿠스주의자들을 골치 아프게 했다. 코페르니쿠스의 제자인 렉티쿠스는 6이라는 숫자에 주목했다. 6은 자신을 제외한 약수들의 합이 6이 되는 완전수라는 것이다(1+2+3=6). 반면에 케플러는 6보다 5라는 숫자에 더 주목했다. 5는 신성한 숫자이며, 플라톤의 다면체 다섯 개를 적절히 이용하면 여섯 개의 행성 궤도를 설명할 수 있었기 때문이다. 이런 의미에서 《우주의 신비》는 케플러의 여러 저술 중 가장 덜 알려진 책이지만, 어찌 보면 가장 '케플러다운' 책이기도 했다. 신학적이고 또 신비주의적인 이유

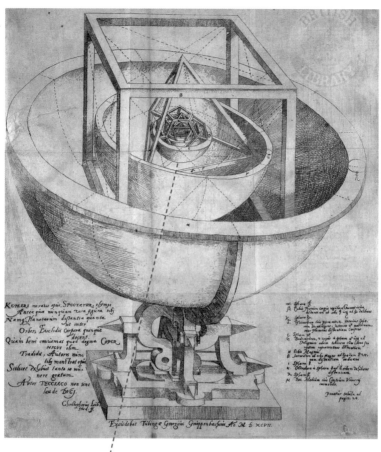

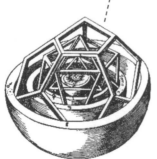

▶ **그림 1** 케플러의 《우주의 신비》에 묘사된 플라톤의 다면체 구조 태양계 모형(위)과 그 모형의 안쪽을 확대한 그림(아래).

로 평생 우주의 수학적 조화를 찾으려 했던 노력의 출발점을 여기에서 엿볼 수 있기 때문이다.

여섯 개 행성의 문제에 대한 케플러의 해결책은 그림 1과 같다. 그림에서 왼쪽 맨 바깥쪽 반구는 토성의 궤도이다. 그 구에 내접하는 정6면체에 다시 내접하는 작은 구가 목성의 궤도이다. 목성의 궤도 안에 정4면체가 내접하고 거기에 내접하는 구가 화성의 궤도이다. 화성의 궤도 내에 정12면체가 내접하고, 이에 내접하는 구가 바로 지구의 궤도이다. 지구에 내접하는 정20면체에 다시 내접하는 구가 금성의 궤도이며, 금성에 내접하는 정8면체에 내접하는 구가 수성의 궤도이다. 중앙에는 물론 태양이 자리 잡고 있다. 즉 케플러의 모형은 구와 정다면체가 계속해서 내접하는 구조로, 밖에서부터 정6면체, 정4면체, 정12면체, 정20면체, 정8면체에 각각 접하는 구를 놓으면 총 여섯 개의 구가 생기고, 구가 여섯 개가 되었기 때문에 이것들이 각각 토성, 목성, 화성, 지구, 금성, 수성의 궤도에 대응한다고 볼 수 있다. 놀라운 것은 이렇게 만든 궤도가 실제 태양계의 행성 거리와 근접하게 들어맞았다는 것이다.

케플러의 이런 우주 구조에 따르면 지구를 제외한 각각의 행성은 하나의 정다면체에 대응한다고 볼 수도 있었다. 지구를 중심에 두고 봤을 때, 각 행성의 궤도에서 지구에 가장 가까운 도형은 다음과 같다.

토성 — 정6면체

목성 — 정4면체

화성 — 정12면체

금성 — 정20면체

수성 — 정8면체

이 중 목성, 금성, 수성에 대응하는 정다면체들은 모두 같은 정삼각형으로 구성되었고, 이는 이 세 행성 사이에 친연성이 있음을 의미한다. 토성은 주사위와 같은 정6면체이고 수성이 정8면체인데, 정8면체 속에 정6면체를 구성하는 정4각형이 들어 있다는 사실은 "이 둘의 습성이 서로를 강화"하는 관계에 있음을 보여준다. 그렇지만 토성의 구성 성분이 직각으로 이루어진 정4각형이라는 사실은 토성이 고독하고 혼자 있는 것을 즐기는 행성임을 의미하기도 한다.(Field 1984)

케플러가 이러한 자신의 우주 구조를 얼마나 믿었는가에 대해서는 여러 견해가 엇갈린다. 무엇보다 그는 이러한 모델에서 행성의 궤도를 나타내는 천구를 믿지 않았다. 그런 의미에서 케플러는 태양계가 실제로 이렇게 작동한다고 생각했다기보다는 이런 구조를 행성들 사이의 거리 관계를 나타내는 하나의 모델로 받아들였을 가능성이 더 크다. 이 모델에 근거해 계산했을 때, 태양에서 행성의 거리에 대한 모델의 이론값과 관측 결과가 토성의 경우 가장 큰 차이가 났는데, 이것이 약 13퍼센트였다는 사실에 케플러는 안심했다. 그런데 그의 계산에 약간의 오류가 있었고, 나중에 다시 계산해보니 토성의 경우 9퍼센트, 수성의 경우 11퍼센트 정도의 차이를 보였다. 브라헤의 데이터와 비교하면 수성의 경우 16퍼센트, 토성의 경우 2퍼센트 정도

의 차이였다. 그는 자신의 모델이 이 정도 차이를 보인다는 데 만족한 것으로 보인다.(Field 1982)

케플러는《우주의 신비》가 출판되고 독자들의 좋은 반응을 얻은 뒤에 이 모델을 실제로 만들려고 했다. 그는 비텐베르크의 프리드리히 공작의 후원을 받아서 장인을 고용할 수 있었다. 케플러는 공작을 위해 은으로 만든 다면체 우주 모델의 제작에 착수했는데, 흥미롭게도 이 모델의 용도는 연회와 같은 술자리에서 사용되는 술통이었다. 케플러는 각각의 천구에 서로 다른 술을 부어놓고, 여기에 호스를 연결해서 꼭지를 틀면 술이 쏟아져 나오는 메커니즘을 구상했던 것이다. 그의 목적은 물론 후원자인 프리드리히 공작을 기쁘게 하기 위함이었다. 한 가지 조심할 점은 토성 궤도에 담긴 술은 마셔서는 안 된다는 것이다. 당시 토성은 쇠락, 노화, 우울과 같이 부정적인 상태를 상징했기 때문이다.[*]

우리가 잘 알다시피 케플러는 정다각형을 이용한 모델을 고수하지 않았다. 그는 브라헤의 조수로 일했고, 브라헤가 죽은 뒤에 그가 남긴 방대한 자료들을 연구하다가 화성의 궤도가 타원이라는 것을 발견했다. 또 화성뿐 아니라 나머지 다른 행성들의 궤도 역시 타원임을 밝히면서 원 궤도를 기본 구조로 하는 우주적인 조화는 한계에 봉착할 수밖에 없다는 점을 인식했다. 그렇지만 그 뒤에도 케플러는 우주의 수

---

[*] 그렇지만 이 모델은 이를 만들던 장인의 태만 때문에 제작되지 못했다. (Mosley 2006)

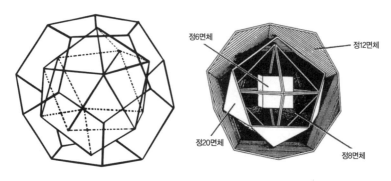

▶ **그림 2** 정12면체에 내접하는 정20면체.　　▶ **그림 3** 플라톤의 다면체를 사용한 문의 원자 모델.

학적인 조화를 찾아내려 애썼다. 그는《우주의 조화》라는 책에서 행성 궤도 평균 반지름의 제곱이 공전 주기의 세제곱에 비례한다는 케플러의 제3 법칙을 천명했는데, 이것이 그가 발견한 우주의 궁극적인 조화였다.

　또 이 책에서 케플러는 플라톤의 다면체에 두 가지 종류가 있음을 처음 발견하고 이를 설명했다. 각각의 정다면체를 이루는 기본 도형이 p각형이고, 하나의 꼭짓점에서 q개의 도형이 만날 경우, 이를 {p, q}로 표시하면 다음과 같다.

　　정4면체 {3, 3}
　　정6면체 {4, 3}　　정8면체 {3, 4}
　　정12면체 {5, 3}　　정20면체 {3, 5}

　　　　　　　　　　　　　　　　　　　　　1. 근대 과학의 탄생

이처럼 정6면체와 정8면체, 정12면체와 정20면체는 흥미로운 대칭 관계에 있다. 케플러는 정6면체와 정12면체는 남성, 정8면체와 정20면체는 여성에 해당한다고 설명했다. 마치 여성이 남성에 내접하듯이, 여성적인 정8면체는 남성적인 정6면체에 내접하고, 마찬가지로 여성적인 정20면체는 남성적인 정12면체에 내접한다는 것이다(그림 2 참조). 그리고 정4면체는 자신이 자신에게 내접하기 때문에, 이는 양성을 한 몸에 가진 자웅동체와 비슷하다고 해석했다.(Emmer 1982)

정다면체를 가지고 우주 구조를 만들어 행성의 운행을 설명하려 했던 케플러의 시도는 지금의 시각으로 볼 때 이해하기 힘든 점이 많다. 그렇지만 불과 얼마 전에도 비슷한 시도가 있었다. 미국의 물리학자 로버트 J. 문은 케플러의 우주 구조를 접하고 큰 감명과 영감을 얻었다. 그는 이 모델을 태양계의 우주 구조가 아니라 태양계를 닮은 원자에 적용했다. 그는 정4면체를 제외한 다른 정다면체들을 정6면체, 정8면체, 정20면체, 정12면체 순서로 배열했다.

그는 양성자가 여섯 개인 산소는 꼭짓점이 여섯 개인 정6면체에 해당하며, 열네 개인 실리콘은 정6면체와 정8면체(정8면체의 꼭짓점은 여섯 개이다)의 합체에, 스물여섯 개인 철은 정6면체-정8면체-정20면체의 합체에 해당한다고 주장했다. 문은 이런 방식으로 네 개의 정다면체를 사용하면 주기율표에 있는 모든 원자를 새롭게 이해할 수 있다고 주장했다. 정4면체가 빠져 있어 문제이긴 했지만, 문은 정4면체는 다른 정다면체를 낳을 수 있는 가장 기본적인 입체이기 때문에 빠진 것이 아니라 다른 다면체 속에 이미 구현되어 있다고 주장했다.(Hecht and Stevens 2004) 문 원자 모델은 원자핵이 마치 결정 비슷한 구조를 갖는다는 것을 의미하며 이 때문에 여러 물리학자들의 주목을 받았다. 문은 이런 모델에 근거해서 공간이 양자화되어 있다고 주장했다. 이 모델이 여러모로 흥미로운 것은 사실이지만, 대부분의 물리학자나 화학자들은 기존 실험 데이터를 잘 설명하지 못한다는 이유로 이를 받아들이지 않았다.

《루돌핀 테이블》 표지화에 담긴 케플러의 생각

앞 장에서도 언급했지만 케플러의 세 가지 법칙 같은 천문학적 업적은 코페르니쿠스 체계를 확산시키는 데 큰 역할을 했다. 그는 1626년에 행성의 운행에 대한 데이터를 표로 만들어서《루돌핀 테이블》이라는 책으로 출간했다. 여기에서 루돌프는 케플러를 후원한 체코의 루돌프 황제를 의미했다. 이 책의 표지 그림은 그 자체로 아름다운 판화 작품이지만, 이를 자세히 보면 케플러 시대의 천문학을 상징하는 흥미로운 내용을 알 수 있으며, 이를 통해서 당시 천문학에 대한 케플러의 생각을 들여다볼 수 있다.

그림에 표현된 구조물은 아홉 뮤즈 중 천문학의 여신인 우라니아 Urania의 신전이다. 기둥 부분을 확대해서 보면 신전의 기둥 중에 두 개만 매끄러운 대리석 재질로 된 새것이고 나머지는 나무나 벽돌로 지어진 옛것임을 알 수 있다. 새 기둥 두 개 중 하나는 코페르니쿠스의 기둥이고, 다른 하나는 브라헤의 기둥이다. 이는 기둥의 하단에 새겨진 이름으로 알 수 있다. 브라헤의 기둥 바로 옆에는 브라헤가 서서 태양계의 행성 운동이 그려진 우라니아 신전의 천장을 손가락으로 가리키고 있다. 코페르니쿠스는 앉아서 그의 설명을 경청하고 있다.

이에 비해서 코페르니쿠스의 기둥 왼편의 기둥에는 고대 천문학자 히파르쿠스의 이름이 새겨져 있고 브라헤의 기둥 옆 기둥에는 역시 고대 천문학자 프톨레마이오스의 이름이 새겨져 있다. 프톨레마이오스는 코페르니쿠스와 브라헤의 대화에는 끼지 못한 채로 앉아서 조용히 무엇인가를 적고 있다. 케플러는 일부러 프톨레마이오스, 히파르쿠스처럼 옛날 천문학자는 낡은 기둥으로, 당대 천문학자의 경우에는 세운 지 얼마 안 된 기둥으로 표현한 것이다. 이는 천문학의 진보, 더나아가서 과학의 진보를 상징한다.

브라헤는 고급스러운 옷을 입고 자신만만한 표정으로 신전의 천장에 그려진 우주 모형을 가리키면서 '만일 그렇다면 어떻게 될 것인가 Quid si sic'라고 묻고 있다. 앞 장에서 보았듯이 이는 브라헤가 스티에르네보르의 지하 대기실에 그려진 천문학자들의 초상화를 통해서 던졌던 질문이다. 그림 속에서 브라헤는 코페르니쿠스에게 질문을 던지고 있다. '만일 코페르니쿠스의 체계가 옳다면 어떻게 될 것인가'라고. 재미있는 점은 브라헤가 매우 고급스러운 가운을 걸치고 기둥에 기대서 자신만만하게 자신의 천문학의 중요성을 피력하는 반면, 마주 앉아 있는 코페르니쿠스는 납득하지 못하겠다는 표정을 짓고 있다는 점이다. 게다가 케플러는 독자가 천장에 그려진 우주 모형을 보았

▶ **그림 4** 케플러의 《루돌핀 테이블》 표지 그림.

▶ **그림 5** 《루돌핀 테이블》 표지 그림의 상단. 천문학에 필요한 기술을 상징하는 여섯 뮤즈가 장식되어 있다. 왼쪽 뮤즈부터 차례로 빛, 천문학 도구(망원경), 계산, 기하학, 균형, 방향을 상징한다.

▶ **그림 6** 《루돌핀 테이블》 표지 그림의 중앙. 브라헤는 자신만만한 표정으로 신전의 천장에 그려진 우주 모형을 가리키면서 코페르니쿠스에게 질문을 던지고 있다.

을 때 지구와 태양이 헷갈리도록 교묘하게 그림자와 원근법을 사용했다. 독자의 관점에 따라서 천장의 우주 구조를 브라헤의 지구 중심 모델로 볼 수도, 코페르니쿠스의 태양 중심 모델로 볼 수도 있도록 만든 것이다. 브라헤의 제자였지만 코페르니쿠스의 체계를 옹호하는 케플러가 일부러 자신의 의도를 분명하게 드러내지 않는 방식으로 둘의 관계를 표현한 것이다.(Gattei 2009)

이 그림에도 여러 가지 천문 관측 기구들이 등장한다. 코페르니쿠스의 기둥에는 그가 사용한 시차parallax를 측정하는 눈금자가 걸려 있으며, 브라헤의 기둥에는 육분의와 사분의가 걸려 있다. 특히 브라헤의 육분의와 사분의는 그가 오랜 노력 끝에 설계하고 만든 기기로, 스스로 자랑스러워하던 업적이었다. 반면에 오래된 기둥에는 고대의 혼천의, 천구의, 각도계 등 오래된 측정 기구들이 걸려 있다. 이전 천문학자와 새로운 천문학자의 기구가 서로 다른데 이는 시간이 흐름에 따라 과학이 진보하고 지식이 축적됨을 의미한다. 케플러는 궁극적으로 자신의 천문학이 더 이상 옛날의 과학이 아니라 굉장히 진보한 과학임을 주장하고 싶었던 것이다.

표지 그림의 위쪽 신전 꼭대기로 시선을 돌리면 천문학에 필요한 기술을 상징하는 여섯 뮤즈를 발견할 수 있다. 맨 왼쪽에 있는 첫 번째 뮤즈는 빛, 광학을 상징한다. 빛은 케플러에게 매우 중요한 주제였다. 실제로 그는《루돌핀 테이블》7장에서 지구의 그림자를 중요하게 다루었고, 6장에서 광선의 인과적 패턴 형식을 이용해서 빛의 근원을 설명한다. 케플러는 1604년에《광학》을, 1611년에는《굴절 광학》을 집필했는데, 이 책들은 최초로 빛과 시각을 근대적으로 이해한 저서로 평가받고 있다. 그 옆에 망원경을 들고 있는 뮤즈는 새로운 천문학 도구의 발명을 상징한다. 또 한편 관찰과 경험의 한계를 드러내기도 하는데, 이 뮤즈가 뒤돌아서서 마치 도움을 청하는 듯 다른 뮤즈들을 바라보고 있다는 사실에서 그런 상징을 읽을 수 있다. 케플러는 도구를 사용할 때 그것의 장점뿐만 아니라 단점에도 관심을 기울일 필요가 있다는 점을 강조했으며, 어떤 현상에 대한 직접 경험과 관찰이 원인에 대한 지식으로 보완되어야 한다고 생각했다. 뒤를 돌아보는 뮤즈는 이런 케플러의 생각을 반영한 것이었다.(Gattei 2009)

가운데에서 막대 두 개를 들고 있는 뮤즈는 계산을 상징한다. 이 뮤즈가 들고 있는 것은 로그 계산을 하기 위한 로가리듬logarithm 계산자이다. 1617년 로그법을 처음 접했을 때 그는 로그법이 삼각법을 대체할 새로운 천문학 계산법이 될 거라고 생각했다. 또 한편 케플러에게 로그법은 비율을 측정하는 '비례수proportion number'로 인식되었다. 로그법은 새로운 천문학이 계속 발전하고 있음을 보여줄 뿐만 아니라 수학적 세계관에 잘 들어맞는 도구였다. 가운데에 있는 또 다른 뮤즈는 기하학적 그림이 그려진 화폭을 들고 있는데, 여기서 보듯이 이 뮤즈는 기하학을 상징한다. 오른편에서 저울을 들고 있는 뮤즈는 균형을 상징한다. 저울은 연금술과 관련된 실험에 자주 사용되었는데 브라헤의 우라니보르에서 보았듯이 당시에는 연금술이 종종 천문학 관측소에서 행해지기도 했다. 맨 오른쪽에 있는 뮤즈는 뾰족한 자석을 들고 있다. 자석은 방향을 확정하는 데 필수 도구였다. 이 그림에서

▶ **그림 7** 《루돌핀 테이블》 표지 그림의 하단. 왼쪽 그림부터 차례로, 브라헤의 상속인, 케플러 본인, 천문 관측소가 있던 벤섬의 지도, 울름의 인쇄 공방이다.

볼 수 있는 빛, 망원경, 계산자, 기하학, 저울, 자석은 당시 천문학 연구에 반드시 필요한 도구였다.

  신전 하단을 보자. 가운데에 있는 것은 브라헤의 우라니보르 천문 관측소가 있던 벤섬의 지도이다. 가장 왼쪽은 브라헤의 아들 중 한 명으로 추정되는 상속인의 모습이다. 그는 고급스러운 옷을 입고 있으며 왼손으로는 선반에 쌓인 브라헤의 책들을, 오른손으로는 옆에 있는 케플러를 가리키고 있다. 케플러가 《루돌핀 테이블》을 출판할 수 있었던 것은 브라헤가 남긴 자료 덕분이므로 상속인은 마치 이에 합당한 보상을 요구하는 것처럼 보인다. 그 옆에는 케플러 자신도 묘사되어 있다. 케플러는 신전의 지붕을 떼어다 놓은 테이블 앞에 앉아 있다. 책상 위의 촛대와 잉크병들은 책을 출판하기 위해 열악한 조건 속에서 오랫동안 계산하고 일했음을 암시한다. 무표정한 그의 얼굴은 마치 《복원된 천문학을 위한 도구》에서 묘사된 브라헤의 무명 조수들의 얼굴과 놀라울 정도로 닮았다(2장 참조).

그렇지만 케플러는 자신의 공을 감추지 않았다. 신전 그림에서는 새로운 천문학을 이끈 천문학자로 코페르니쿠스와 브라헤를 전면에 내세웠지만, 그 아랫부분에서는 스스로를 우라니아 신전의 설계자로 묘사하면서 자신의 지위를 굳혀두는 것을 잊지 않았다. 케플러는 비록 작업 테이블 앞에 앉아 있지만 힘든 일을 다 마친 상태로 독자들을 똑바로 쳐다보고 있다. 더 중요한 사실은 그의 책상에 신전 뚜껑이 놓여 있다는 것이다. 이는 자신이 코페르니쿠스와 브라헤가 열었던 새로운 천문학을 완성하고, 우라니아의 신전 뚜껑을 닫은 사람임을 주장하려 한 것이다. 건축으로 비유를 들면, 코페르니쿠스와 브라헤는 신전을 위한 훌륭한 기둥을 세웠고, 자신은 지붕을 완성해서 이를 마무리했다는 점을 강조한 것이라고 해석할 수 있다. 현수막에는 케플러의 주요 저서들인 《우주의 신비》,《천문학의 광학 부분》,《신천문학》,《코페르니쿠스 천문학 개요》의 제목이 적혀 있다.(Gattei 2009)

오른쪽에는 당시 울름의 요나스 사우르 인쇄 공방과 그곳에서의 인쇄 작업을 묘사한 그림이 있다. 브라헤는 벤섬에 인쇄기를 두고 직접 책을 찍어낸 것으로 유명했다. 브라헤의 책 《점성술Astrologia》은 이 벤섬에서 직접 인쇄된 것이었다. 이 그림은 인쇄에 필요한 활자체 선택, 페이지 정렬, 인쇄기를 누르는 과정을 보여주는데, 브라헤의 제자였던 케플러는 벤섬 인쇄소의 영향을 받았을 수도 있고, 아니면 당시 매우 활발했던 인쇄 문화 전반에 깊은 감명을 받았을 수도 있다. 그의

▶ **그림 8** 요스트 아만의 〈인쇄공〉. 목판, 1564.

그림은 당시에 그려진 요스트 아만의 인쇄 공방을 묘사한 판화와 매우 흡사한데, 이는 당시 인쇄 작업장의 전형적인 모습이었을 가능성이 크다.

인쇄술의 발명이 서양의 사상이나 과학에 미친 영향을 연구한 역사학자 엘리자베스 아이젠슈타인은 인쇄술이 특히 천문학 분야에 큰 영향을 미쳤다고 주장했다.(Eisenstein 1983) 인쇄술이 발명되기 전에는 천문학 데이터들을 전부 손으로 쓰거나 그렸고, 그 데이터를 전달하기 위해 다시 필사해야 했다. 그런데 그림을 필사할 때마다 행성의 운동이나 항성의 위치와 같은 정보들이 조금씩 변형되었고, 다음 세대는 정확한 정보를 얻기 위해 이미 발견된 내용을 다시 새롭게 연구해야 했다. 결국 그림을 다시 그리고 이를 후대에 전달하는 데 투자되는 시간이 천문학자의 일생에서 상당 부분을 차지했다.

하지만 인쇄술이 나온 후 천문학 자료들은 한 번 인쇄하고 나면 지속적인 노력 없이도 계속 확산되고 후대로 전달될 수 있었다. 즉, 다음 세대 천문학자들은 이전 세대 자료의 오류만 보완해가면 되었다. 이를 통해 짧은 시간에 천체도가 완벽한 형태로 급속하게 발전할 수 있었고 이것이 바로 케플러가 살던 시기에 나타난 변화였다. 이와 같은 배경에서 케플러는 인쇄되어 전달된 천문학 데이터들을 더 발전시켜서 후대에 물려줄 수 있었던 것이다. 그는 젊었을 때 책을 사서 보면서 "이제 책이 있어서 우리는 혼자 공부할 수 있다"라고 환호했다고 알려져 있다. 인쇄술이 천문학 발전을 직접 추동한 것은 아니지만 천문학자들이 지루한 작업에서 벗어나 창의적인 연구에 더 많은 시간을 투자할 수 있게 도와주었다. 이는 결과적으로 새로운 천문학의 발전을 이끌어냈으며, 이러한 인쇄술의 혜택을 크게 입은 케플러는 자신이 설계한 우라니아의 신전에 인쇄 장면을 새겨 넣었던 것이다.

과학과 예술이 멀어진 시점은?
치골리의 〈성모 마리아〉 속 달의 비밀
망원경은 누가 발명했을까?

04

갈릴레오와 달
과학과 예술의 만남과 헤어짐

───────── 갈릴레오 갈릴레이, 과학과 예술의 결별을 초래
한 장본인?

르네상스 시대에는 과학과 예술의 거리가 너무 가까워져서 둘이 잘
구별되지 않는 경우가 많았다. 1장에서도 보았지만, 당시 화가들은
기하학과 같은 수학을 공부했고, 심지어 수학자들이나 관심을 가질
법한 문제를 연구한 이들도 드물지 않았다. 화가들이 기하학에 관심
을 갖게 된 가장 큰 동기는 원근법 때문이었다. 필리포 브루넬레스
키, 레온 바티스타 알베르티 등이 발전시킨 원근법을 통해 과거와는
전혀 다른 방식으로 3차원 대상을 정확하게 2차원 평면 위에 재현할
수 있게 되었다. 과거의 화가들이 그림을 통해 시간의 흐름을 담으려

▶**그림 1** 원근법의 초기 발명자 중 한 사람인 알베르티의 '창'. 일정한 간격의 그리드grid를 통해 대상을 보고, 비슷한 그리드가 그려진 화판에 이를 그려 넣는 방법이다. 이런 방법은 추상적이고 기하학적인 공간을 만드는 데 기여했다.

했다면, 원근법의 등장 이후 화가들은 한순간의 공간을 그대로 담아내는 것을 강조했다.* 이 시기를 거치면서 예술가들은 기하학과 같은 수학적 도구를 배우고 채용했다. 이뿐만 아니라 기하학을 이용한 예술 작품들은 추상적인 선으로 공간을 재현할 수 있다는 가능성을 던져주면서 다시 과학에 '공간의 기하학화' 같은 새로운 개념적 이해를 제공했다. 여러 학자들이 지적했듯이 '움직이는 물체는 외부의 힘이 가해지지 않는 한 같은 운동을 계속한다'라는 관성의 법칙도 이런 추상적인 공간 개념이 먼저 발전하지 않았다면 나타나기 어려웠을 것이다.(Kemp 1990; Edgerton 1991)

* 동양의 많은 그림이 원근법을 사용하지 않았는데, 한 그림 내에 여러 시간이 혼재하는 경우가 많았다. 원근법이 발명되기 이전에 그려진 서양의 그림 중에도 이러한 작품이 많았다.

1. 근대 과학의 탄생

원근법이 가져온 차이는 원근법 이전의 그림과 원근법이 발명된 이후의 그림을 비교해보면 분명해진다.

그림 2에서 위의 그림은 14세기 화가인 두치오가 그린 〈최후의 만찬〉이다. 중세부터 르네상스 초기까지 수많은 〈최후의 만찬〉이 그려졌지만, 모두 두치오의 그림처럼 거리감을 느끼기 힘든 구도로 되어 있다. 잘 알려져 있듯이, 두 번째 그림은 르네상스의 거장 레오나르도 다빈치의 작품이다. 여기에서는 시선이 예수 그리스도의 얼굴 위로 모여드는 효과를 볼 수 있는데, 이는 원근법의 소실점을 예수의 얼굴에 두었기 때문이다. 다빈치는 〈최후의 만찬〉 외에도 〈모나리자〉 같은 불후의 명작을 남겼고, 기계 제작, 건축, 군사, 의학 등에서 놀라운 업적을 세웠다. 그는 과학자이자 기술자였고, 과학기술자이자 동시에 예술가였다. 서양의 전 역사를 통틀어 과학과 예술의 거리가 이때만큼 가까웠던 적이 없었다고 할 정도로, 그에게 과학과 예술은 하나였다.

이렇게 가까웠던 과학과 예술의 관계가 어느 시점부터 다시 멀어져 과학과 예술은 아무런 관계도 없는 별개의 활동, 심지어는 극과 극의 활동으로 간주되기에 이르렀다. 과학과 예술이 멀어지기 시작한 시점은 언제일까? 역사학자 중에는 갈릴레오를 과학과 예술의 결별을 상징하는 인물로 보는 사람들이 있다. 갈릴레오는 1588년에 단테의 《신곡》 중 〈지옥편〉에 대한 강연을 한 적이 있는데, 여기에서 실제로 땅 밑 지도에 지옥의 위치를 그려보려고 했다. 갈릴레오를 비판적으로 보는 학자들은 이것이 시학과 예술의 세계를 엄밀한 과학으로 재단하려 했던 메마른 시도였다고 주장하면서, 이때가 르네상스 시대에 거

▶ **그림 2** 14세기 원근법 발명 이전에 두치오가 그린 〈최후의 만찬〉(위)과 15세기 원근법 발명 이후에 다빈치가 그린 〈최후의 만찬〉(아래).

의 하나가 되었던 과학과 예술이 멀어지기 시작한 시점이라고 해석한다. 또한 갈릴레오는 시와 희곡을 지었는데, 이 위대한 과학자의 문학 작품들이 그저 당시의 삼류 작품들과 비슷한 수준이었다는 사실도 과학과 예술의 거리가 이미 상당히 멀어졌다는 사실을 보여준다는 것이다.(Orthofer 2002)

그런데 과연 이렇게만 볼 수 있을까? 지옥을 실제로 지구에서 찾아보려 했던 갈릴레오의 시도는 예술을 과학으로 재단한 것이라기보다는 과학과 예술의 (비록 실패한) 대화를 시도한 사례로도 볼 수 있지 않을까? 마찬가지로 갈릴레오가 쓴 삼류 시와 희곡도 이러한 대화의 일환으로 볼 수 있지 않을까? 실제로 갈릴레오를 예술에 무지한 과학자로만 평가하기 힘든 데에는 몇 가지 이유가 있다.

우선 그는 예술가 집안에서 태어나 어릴 적부터 예술에 재능을 보였다. 아버지 빈첸초 갈릴레이는 음악가이자 악기 제작자였으며, 음악학에 대한 책을 쓴 학자였다. 아버지의 재능을 이어받은 갈릴레오는 류트를 훌륭하게 연주했을 뿐 아니라 데생에 뛰어난 재능을 보였다. 그는 어릴 적에 미술 아카데미를 다녔으며 심지어 그림 그리기를 자신의 첫 직업으로 택하려 했다. 문학과 예술을 좋아하던 그에게는 예술가 친구들과 문인 친구들이 많았다. 단테의 〈지옥편〉에 대한 강연도 그의 이러한 배경이나 관심과 무관하지 않은 것이었다.

갈릴레오의 친구 중에 로도비코 카르디 다 치골리(1559~1613)라는 화가가 있었다. 치골리는 갈릴레오에게 조각과 그림 중에 어느 것이 더 우월한가를 물어본 적이 있었다. 이런 질문을 한 이유는, 조각

은 3차원이고 그림은 2차원이기 때문에 조각이 더 실재에 가깝고 따라서 더 우월하다는 당시 예술가들의 견해를 충분히 납득하지 못했기 때문이다. 갈릴레오의 답은 다음과 같았다. 조각은 만져보는 촉각에 대해서 더 실재적이지만, 그림은 눈으로 보는 시각에 대해서 훨씬 더 실재적이다. 왜냐하면 그림은 깊이가 없는 공간에 깊이를 부여하며, 2차원 평면을 3차원으로 승격시키면서 새로운 실재를 만들기 때문이다. 이는 조각이 더 우월하다는 당시 예술가들의 일반적인 견해를 비판하면서, 예술가들이 생각하지 못했던 2차원 그림의 독특한 기능을 지적한 것이었다. 갈릴레오의 예술적 통찰력을 엿볼 수 있는 사례라고 할 수 있다.

앞의 성모 마리아 그림은 바로 이 질문을 갈릴레오에게 던졌던 치골리의 작품으로, 현재 로마의 산타마리아 마조레 성당에 보관되어 있다. 이 그림은 '예술가 갈릴레오'를 이해하는 한 가지 단서를 제공하는데, 이를 이해하기 위해서는 예술과는 조금 거리가 있는 주제인 망원경의 역사를 살펴보아야 한다.

망원경과 별의 소식

많은 역사학자의 노력에도 불구하고 망원경을 누가 발명했는지는 아직도 확실치 않다. 렌즈는 중세 시절부터 알려져 있었고, 안경은 1500년 들어 널리 사용되고 있었다. 중세 철학자인 로저 베이컨이

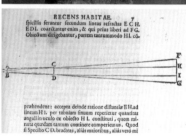

▶ **그림 4** 갈릴레오의 망원경(위)과 그가 적어놓은 망원경의 원리(아래).

멀리 있는 물체를 확대해서 보는 확대경을 만들었다는 설이 전해지지만, 이것은 망원경이 아니고 그냥 하나의 렌즈를 이용한 도구였을 가능성이 크다. 1550년대에 신비주의 철학을 설파했던 토머스 디지스와 존 디도 멀리 있는 물체를 크게 볼 수 있는 신비스러운 기계를 만들었다고 알려져 있는데, 역사적 근거는 확실치 않다. 렌즈 두 개를 거리를 두고 결합해서 만든 망원경은 1608년에야 네덜란드에서 최초로 발명되었다. 첫 발명자가 누구인가를 두고 지금도 의견이 갈리지만, 당시 한스 리페르세이,

야코프 메티우스, 자카리아스 얀센이라는 세 명의 네덜란드인이 망원경에 대한 특허를 신청하려고 경합한 바 있다. 이들의 우선권 주장이 팽팽하게 맞섰기 때문에 결국 망원경에 대한 특허는 누구에게도

인가되지 않았고, 특허의 족쇄에서 해방된 망원경은 곧바로 전 유럽으로 퍼져 나갔다.(Nicolson 1935)

갈릴레오는 1609년 5월에 베네치아를 방문했다가 한 네덜란드인이 네덜란드의 실질적 통치자인 나사우의 마우리츠 오란예 공 앞에서 망원경을 작동해 보였다는 얘기를 듣고, 그때부터 망원경을 만들기 위한 실험을 시작했다. 그는 광학의 원리를 이용해서 망원경을 제작했고, 1609년 8월 29일에 매제에게 보낸 편지에서 네덜란드인이 만든 망원경보다 훨씬 더 성능이 좋은 망원경을 발명했다고 자랑했다. 그의 첫 망원경은 3배율 망원경으로 물체를 아홉 배 크게 볼 수 있었다. 그는 이를 계속 개량해서 8배율 망원경을 만들고, 이 8배율 망원경을 파두아를 통치하는 베네치아 총독과 의원들에게 보여주었으며, 이것이 군사적으로 유용하다는 점을 강조했다. 그는 망원경을 사용해서 14킬로미터 밖에 있는 물체를 1.5킬로미터 안에 있는 것처럼 볼 수 있고, 파두아를 공격하는 적을 두 시간 먼저 발견할 수 있다면서, 이 놀라운 기기를 총독에게 바치고 대신 자신은 더 좋은 도구를 만들기 위한 연구를 계속할 수 있게 되길 희망한다고 호소했다. 그렇지만 그의 간청은 받아들여지지 않았다. 사실 1609년 여름 무렵에는 간단한 망원경이 이미 넘쳐나고 있었고, 갈릴레오는 자신이 정치권에 팔 수 있는 망원경의 군사적 이점이 곧 소멸되리라는 사실을 잘 알고 있었다.

1609년 11월에 갈릴레오는 20배율 망원경을 제작하여 지상의 물체를 관측하는 대신에 하늘을 바라보았다. 그가 처음 관찰한 것은 달

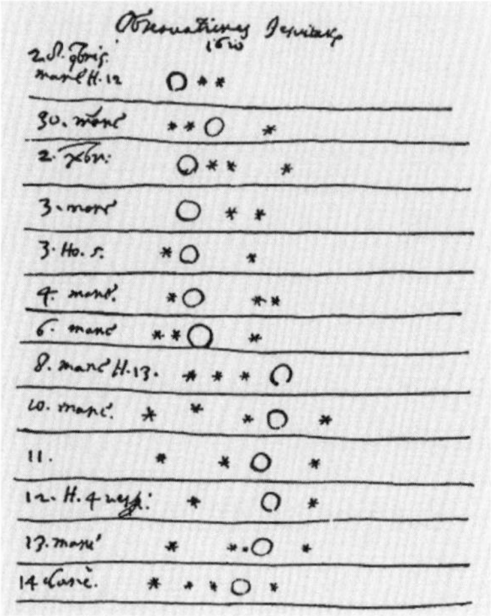

▶ **그림 5** 갈릴레오의 목성 관찰 노트.

이었다. 망원경을 이용한 갈릴레오의 관찰로 달은 표면이 울퉁불퉁하며, 따라서 불완전하다는 것이 뚜렷이 드러났다. 누가 봐도 이는 아리스토텔레스의 전통적 세계관에 대한 명백한 비판이자 도전이었다. 갈릴레오는 행성과 항성(붙박이별)도 관찰했다. 수성, 금성 같은 행성은 뚜렷하게 보이지 않았지만 대략 원반형으로 크기

가 분명히 관찰되는 데 반해서, 우리가 별이라고 부르는 항성은 망원경으로 보아도 육안으로 보았을 때와 큰 차이가 없었다. 이런 관찰은 항성이 행성에 비해 훨씬 더 멀리 떨어져 있다는 사실을 시사했는데, 이는 지구가 아닌 태양이 우주의 중심이라는 코페르니쿠스의 우주론에 더 유리한 증거였다.* 또 갈릴레오는 은하수를 관찰해서 이것이 수

---

* 지구를 우주의 중심에 둔 전통적인 아리스토텔레스의 우주관에 따르면 토성의 천구 바로 뒤에 항성(별)의 천구가 있었다. 즉 우주 전체가 지금의 태양계보다 작았다. 반면에 코페르니쿠스는 토성까지는 태양의 주위를 회전하는 행성이고 항성은 태양계 외부에 멀리 떨어져 존재하는 천체라고 생각했다.

많은 별의 무리임을 입증해 보일 수 있었다.

　그렇지만 가장 흥미로운 발견은 목성의 주위를 도는 위성의 발견이었다. 1610년 1월에 목성은 지구에 매우 근접했고 저녁에 또렷하게 관찰되었다. 갈릴레오는 1월 7일에 목성을 관찰하고 목성의 뒤에 있는 세 개의 별을 추가로 관찰해서 목성의 위치를 점으로 찍어두었다. 그런데 다음 날 목성을 관찰하니, (점 찍어둔 세 별을 기준으로 볼 때) 목성이 동에서 서로 움직인 것이 아니라 그 반대 방향으로 움직인 것이 아닌가. 게다가 1월 10일에는 세 개의 별 중에 두 개밖에 보이지 않았다. 갈릴레오는 이 흥미로운 현상을 며칠 동안 계속 관찰하다가, 자신이 별이라고 생각한 것이 목성의 주위를 도는 위성(달)이며, 그 개수가 네 개임을 깨닫게 되었다. 이 네 개의 위성은 목성의 주위를 도는 주기가 달랐고, 따라서 매일 다른 위치에서 관찰되면서 보였다 안 보였다 했던 것이다. 지구 주위를 달이 돌고, 태양 주위를 지구나 목성 같은 행성이 돌듯이, 목성 주위에는 네 개의 달이 돌고 있었던 것이다.

　갈릴레오의 고향 피사는 토스카나 지역에 속한 도시였고, 당시 메디치 가문의 통치를 받고 있었다. 메디치 가문은 은행업으로 부와 권력을 축적한 가문이었고 혈통으로는 왕족이 아니었지만, 실질적으로는 황제와 같은 권력을 누리고 있었다. 갈릴레오는 1605년 여름에 메디치 가문의 후계자로 나중에 코시모 대공 2세가 될 코시모 데 메디치(1590~1621)에게 수학을 잠깐 가르쳤고, 1608년에는 메디치 가문에 구형 자석을 가문의 상징물로 삼으라는 청원을 하기도 했다. 그는 메디치 가문과의 인연을 만들어가는 도중에 코시모 1세의 천궁도가 목성과 관련이 있다는 사실을 알게 되었는데, 1610년 1월에 목성 주변의 달을 관찰하면서 자신의 발견을 메디치 가문과 연결시킬 수 있다는 생각을 떠올렸다. 그는 자신이 목성을 도는 네 개의 별을 새로 발견했고, 이를 메디치 가문의 별로 명명할 수 있다는 사실을 메디치 가문에 알렸다. 메디치 가문은 이 새로운 발견에 큰 흥미를 보였으며, 결국 갈릴레오의 헌사를 받아들이고 그를 궁정의 철학자 겸 수학자로 임명했다. 이 발견을 계기로 갈릴레오는 파두아대학교의 수학 교수에서 이탈리아에서 가장 주목받는 궁정인으로 승격될 수 있었다.(Biagioli 1993)

갈릴레오는 1610년 3월에 망원경을 사용해서 달, 별, 은하수, 목성의 위성을 관찰한 결과를 《시데레우스 눈치우스Sidereus Nuncius》(별의 소식, 혹은 별의 메신저라는 뜻)라는 책으로 출판했다. 이 책은 메디치 가문에 헌정하기 위해서 매우 급하게 출판되었고, 책의 표지와 서문은 메디치 가문에 대한 찬사로 도배되어 있다. 서문의 일부를 보자.

이제 우리는 고귀하신 전하를 위하여 그보다 더욱 참되고 더욱 경사스러운 징조를 말씀드릴 수 있게 되었습니다. 불멸의 영혼인 전하의 은총이 지상을 밝히기 시작하자, 전하의 더없이 훌륭한 미덕을 기리기 위해 하늘에서 밝은 새 별들이 나타났기 때문입니다. 전하의 찬란한 이름을 기리기 위해서 여기 네 개의 별이 예비되어 있습니다. 이 별들은 너무 흔해서 주목할 만한 것이 못 되는 평범한 붙박이별(항성)이 아니라, 참으로 빛나는 떠돌이별인데, 이 별들은 그중에서 가장 우아한 목성 둘레를 놀라울 만큼 빠른 속도로 돌고 있습니다. 이 별들은 한 집안의 아이들처럼 서로 다른 궤도운동을 하며 목성 둘레를 도는데, 한편으로는 상호 조화 속에서, 목성과 더불어 12년에 한 번씩 세상의 중심, 곧 태양 둘레를 크게 공전합니다. 실은 이 별들을 처음 발견했을 때, 별들의 창조주께서 저에게 이 새로운 별들을 다른 모든 이들 앞에서 전하의 찬란한 이름을 따서 명명하라고 명백히 충고하는 듯했습니다.(갈릴레오 2009[1610])

메디치 가문에 대한 찬사를 빼고는 책의 표지도 특별할 게 없으며, 당시에 유행했던 상징을 가득 담은 멋진 권두화(책의 첫 페이지에 들어가는 그림) 대신에 천문학과 아무런 관련도 없는 여인이 왕관을 쓰고 앉아 있는 그림만이 인쇄되어 있다. 새로 발견한 목성의 위성 네 개를 메디치가에 헌정한다는 내용은 그림이 아니라 글로 표현되어 있다.

매끄러운 수정구 혹은 울퉁불퉁하고 불완전한 달

이 책에서 가장 놀라운 그림은 달의 표면을 묘사한 그림이다. 《시데레우스 눈치우스》에 이 그림이 실리기 전까지 학자들을 포함한 유럽의 거의 모든 사람들은 달이 수정구처럼 매끄럽다고 생각했다. 아리스토텔레스의 우주관에 의하면 지상계와 천상계의 경계에 위치한 달은 매끄러운 수정구 비슷한 완벽한 천체라고 믿어졌기 때문이다. 또

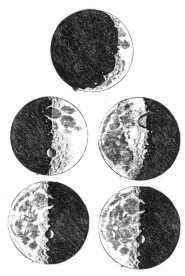

▶ **그림 6** 갈릴레오의 《시데레우스 눈치우스》 표지(왼쪽)와 이 책에 나오는 달 그림(오른쪽).

한 기독교 전통에서도 달은 성모 마리아의 처녀성을 상징했기 때문에, 흠이 없는 존재여야만 했다.

물론 달이 100퍼센트 완벽하지는 않다. 우리가 달에서 방아 찧는 토끼를 본다고 하듯이, 달 표면에 어두운 부분이 존재하기 때문이다. 그렇지만 이것이 달 자체의 불완전성을 보여주는 것이라고는 해석되지 않았다. 어떤 이들은 달을 투명한 수정구가 아니라 색이 들어간 수정구라고 해석했고, 다른 이들은 달을 감싸고 있는 물체의 영향을 받아 달이 어두워 보인다고 해석하기도 했다. 또 다른 이들은 수정구의

1. 근대 과학의 탄생

밀도가 다르기 때문에 육안으로 보았을 때 어두운 부분이 생기는 것이라고 생각했다. 이유야 어떻든 갈릴레오 이전에는 달이 매끄러운 표면을 가진 수정체라는 것이 일종의 상식이었다.

이렇게 달을 완벽한 존재로 간주하는 통념이 오랫동안 유지되어왔기 때문에 기존의 천문학 지식을 습득한 사람들은 갈릴레오가 달이 완벽하고 흠 없는 존재가 아니라 지구와 비슷하게 울퉁불퉁한 표면을 가졌다는 사실을 드러내 보였을 때 놀라서 어찌할 줄 몰랐다. 앞에서 얘기했듯이 달은 갈릴레오가 20배율 망원경으로 처음 관찰한 천체였는데, 그는 1609년 11월 30일부터 12월 18일까지 달을 관찰한 다음 여섯 장의 스케치를 남겼다.

그런데 비록 갈릴레오의 망원경이 다른 이들의 망원경보다 우수했다고 해도, 그가 이 망원경으로 달 표면을 직접 자세히 볼 수 있었던 것은 아니었다. 1609년에 갈릴레오가 망원경을 통해서 확실하게 본 것은 다음 세 가지였다. 첫 번째는 달의 밝은 부분과 어두운 면의 '경계선'이 울퉁불퉁하다는 것이었다. 실제로 달을 육안으로 보면, 밝은 부분과 어두운 부분을 나누는 경계는 칼로 자른 듯이 매끄럽다. 하지만 이를 망원경으로 보았을 때에는 그림에서 보듯이 울퉁불퉁한 경계를 확인할 수 있었다. 두 번째는 경계선 주변에서는 달의 밝은 영역에서 어두운 점들을 발견할 수 있다는 것이었다. 그런데 이 점들은 모두 태양 빛이 오는 쪽을 향하고 있었다. 이는 태양이 막 떠오를 때 지구의 계곡에서 보이는 현상과 비슷했다. 마지막으로 경계선 주변의 어두운 영역에서 밝은 점들을 발견할 수 있었는데, 이는 마치 높은 산봉

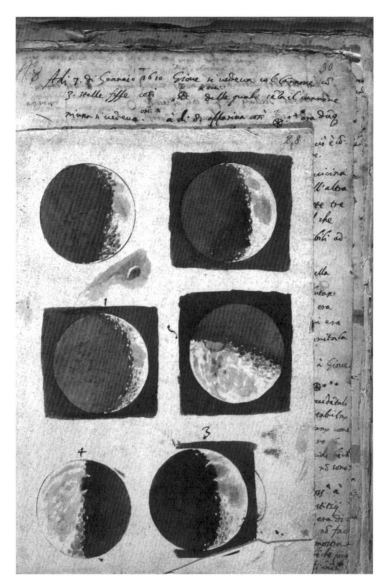

▶ **그림 7** 갈릴레오의 달 스케치, 1609.

우리가 빛을 받아서 밝게 빛나는 것과 흡사했다. 갈릴레오는 이러한 관찰로부터 달의 표면이 마치 지구처럼 산과 분화구, 계곡에 의해 울퉁불퉁한 모양을 하고 있다고 결론지었다.

완벽한 존재라고 생각했던 달이 지구와 같은 불완전한 존재라는 주장은 아리스토텔레스적이고 기독교적인 세계관의 권위를 무너뜨린 일격이었다. 완전하다고 생각했던 달이 불완전한 존재라면, 역시 완벽하다고 생각했던 태양과 같은 다른 천체도 불완전할 수 있었다. 아니 천체 자체가 완벽하지 못할 수도 있었다. 그렇다면 지구와 같이 불완전한 존재도 천체가 될 수 있었고, 다른 천체와 마찬가지로 운동(즉 자전과 공전)을 할 수도 있었다. 달의 표면이 울퉁불퉁하다는 것 자체가 지동설을 증명했던 것은 아니지만, 그동안 굳게 믿었던 아리스토텔레스-프톨레마이오스 우주론의 상당 부분에 오류가 있다는 사실을 의미했다.

갈릴레오가 시도하기 이전에도 망원경으로 달을 관찰한 사람이 있었다. 영국의 자연철학자 토머스 해리엇은 1609년 7월에 망원경으로 달을 관찰했고, 그가 남긴 기록은 지금까지 알려진 바로는 망원경을 이용한 최초의 달 관측 기록으로 남아 있다. 해리엇도 달의 밝은 부분과 어두운 부분의 경계선이 울퉁불퉁하다는 사실을 확인했다. 그렇지만 왜 그런지는 이해할 수가 없었다. 달이 수정구와 같이 완벽한 구체라는 생각에서 벗어나지 못했기 때문이다. 해리엇은 1610년 3월에 나온 갈릴레오의《시데레우스 눈치우스》를 본 뒤에야 자신이 본 것이 산과 분화구의 그림자 때문임을 인식할 수 있었다. 갈릴레오의 해석

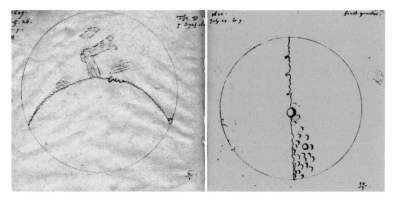

▶ **그림 8** 해리엇이 1609년 7월에 관찰한 달(왼쪽)과 이듬해인 1610년 7월에 관찰한 달(오른쪽).

은 망원경을 통한 관찰로부터 자동적으로 나올 수 있는 결론이 아니었다.

　당시 망원경이 분화구를 직접 볼 수 있을 정도로 성능이 좋지는 않았는데 갈릴레오는 어떻게 이러한 해석을 끌어낼 수 있었을까? 미술사가 새뮤얼 에저턴은 갈릴레오가 미술 훈련을 받았던 데에서 이유를 찾는다. 갈릴레오는 젊었을 때 원근법과 당시 화가 로렌조 시리가티의 명암대조법chiaroscuro을 배웠고, 달 그림의 수채화에서 볼 수 있듯이 그림을 잘 그렸다.(Edgerton 1984) 특히 당시 이탈리아 화가들이라면 누구나 배웠던 명암대조법은 빛과 그림자를 극명하게 대조해 대상을 극적으로 두드러지게 하는 기법이었다. 에저턴의 설명에 따르면, 갈릴레오는 명암대조법 공부를 통해 1차 그림자와 2차 그림자를 구별하고 그림자를 가지고 물체를 추측할 수 있었기 때문에 울퉁불퉁한 경계선을 보고 달의 표면이 매끄럽지 않음을 유추해낼 수 있었다는 것이다. 반면 당시 영국의 미술은 이탈리아에 비해 훨씬 낙후된 상태였고, 따라서 해리엇 같은 과학자는 이를 배울 기회가 없었다. 에저턴은 근대 과학의 혁명적인 출범이, 조금 단순화해서 말하자면, 이탈리아 회화에서 시작되었다고 결론짓는다.

달의 표면이 매끄럽지 않다는 갈릴레오의 해석은 맞았지만, 그가 《시데레우스 눈치우스》에서 달을 묘사한 스케치가 실재를 정확하게 반영한 것은 아니었다. 이 책에 나온 반달 그림(그림 9)을 보면 달의 정중앙에서 약간 하단 부분에 큰 원형 분화구가 있다. 갈릴레오는 달의 거의 중앙에서 완벽한 원에 가까운 분화구를 발견했다고 적었으며, 이것이 보헤미아 지역(둥근 원의 형태로 산에 둘러싸인 유럽의 한 지역)과 매우 흡사하다고 기록했다. 그렇지만 달에 이처럼 크고 둥근 분화구는 존재하지 않는다. 이것은 갈릴레오의 상상력의 산물이라고 할 수 있는데, 흥미로운 점은 왜 갈릴레오가 이런 거대한 분화구를 그렸는가 하는 것이다. 미술사가인 에르빈 파노프스키에 따르면 갈릴레오는 원을 완벽한 도형으로 여기고 미학적인 이유에서 원에 집착했다.(Panofsky 1956) 그가 달에서 거대한 분화구를 강조한 것도 이런 원에 대한 집착에서 비롯했다. 더 나아가 그는 죽는 날까지 케플러가 밝힌 행성의 타원운동을 대놓고 칭찬하거나 공식적으로 수용하지 않았다. 타원 궤도를 부정하지는 않았지만 크게 부각시키지도 않았던 것이다. 그의 미학적인 취향에 타원이 들어갈 자리는 없었다.

아리스토텔레스주의자들, 기독교도는 갈릴레오의 발견을 어떻게

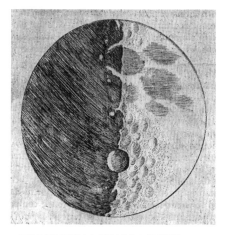

▶ **그림 9** 《시데레우스 눈치우스》에 묘사된 반달.

받아들였을까? 당시 유명한 예수회 천문학자인 클라비우스는 갈릴레오가 실제로 달 표면이 울퉁불퉁하다는 사실을 입증하는 증거를 발견한 게 아니라고 주장하고, 이는 달을 구성하는 수정구 이곳저곳의 밀도 차이로 나타나는 겉보기 문제라고 해석했다. 이러한 해석은 당시에 여러 사람을 만족시켰고, 곧 로마 가톨릭교회의 공식 입장이 되었다. 그렇지만 달 표면이 울퉁불퉁하다는 갈릴레오의 견해를 받아들인 사람들도 있었다. 특히 갈릴레오처럼 망원경으로 달을 직접 관찰한 사람들은 그의 견해를 점차 수용했다.

달 표면이 울퉁불퉁하다는 관찰 내용은 책의 출판과 동시에 급속히 퍼져 나갔다. 앞에서 언급한 갈릴레오의 친구 치골리는 산타마리아 성당에 동정녀 마리아의 벽화(그림 3)를 그려달라는 요청을 받았는데 (앞서 얘기했지만 기독교회에서 달은 보통 동정녀 마리아를 상징했다), 갈릴레오의 관찰에 큰 영향을 받아서 동정녀 마리아가 올라선 달의 표면을 수정구처럼 그리는 대신 갈릴레오가 관찰한 대로 울퉁불퉁하게 그려 넣었다. 그림 10에서 볼 수 있듯 이 치골리의 달과 갈릴레오의 달

1. 근대 과학의 탄생

을 비교해보면 놀라울 정도로 흡사하다. 이에 비해서 디에고 벨라스케스의 〈동정녀 수태〉를 비롯한 다른 그림들에서는 달 표면이 수정구처럼 완벽하고 반질반질하게 묘사되어 있다(그림 11).

▶ **그림 10** 치골리의 벽화에 그려진 달(위)과 갈릴레오의 달(아래).

그런데 갈릴레오의 달 해석에 반대했던 로마 가톨릭교회가 어떻게 달 표면을 울퉁불퉁하게 그리는 것을 허락할 수 있었을까? 이 문제는 치골리가 그린 이 여인을 어떻게 볼 것인가라는 문제와 연관되어 있다. 이 여인을 성모 마리아로 보고 그림의 의미를 '동정녀 수태'로 해석한다면 확실히 잘 납득이 되지 않는다. 성모 마리아를 상징하는 달이 불완전한 형상으로 그려져 있을 뿐만 아니라, 갈릴레오가 관찰하고 교황청이 거부했던 불완전한 달이 교회의 천장에 장식되어 있기 때문이다. 미술사학자 스티븐 오스트로는 치골리의 그림에서 묘사된 여인이 신약성경의 〈요한 묵시록〉 12장에 등장하는 '묵시록의 여인'이라고 해석한다. 〈요한 묵시록〉 12장에는 태양을 입고, 달을 발아래 두고, 열두 개의 별을 왕관으로 쓴 여인이 등장한다. 이 여인은 "쇠지팡이로 모든 민족을 다스릴 분"을 잉태하고 있었는

▶ **그림 11** 디에고 벨라스케스의 〈동정녀 수태〉, 1618.

데, 이를 해코지하려는 용의 위협을 받고 쫓기다가, 결국 천사들의 도움을 받아 도망가서 아이를 해산하고 용을 퇴치한다.(Ostrow 1996)

흥미로운 사실은 이 여인이 두 가지 서로 다른 방식으로 해석된다는 것이다. 많은 신학자들은 〈요한 묵시록〉에 나오는 이 여인이 이스라엘의 역사를 상징하며, 아들은 이스라엘 민족을 의미한다고 해석한다. 두 번째 해석은 이 여인을 성모 마리아로 보는 것이다. 그럴 경우에 아들은 당연히 예수 그리스도를 의미한다. 그런데 후자의 경우라고 해도 이때 성모 마리아 발아래에 있는 달은 마리아 자신이 아니라, 마리아의 순결이나 순수함과 대비되는 지저분한 속세를 상징한다. 1616년에 안드레아 비토렐리라는 신학자는 치골리의 그림에 대해서 논평하면서, 달은 '타락의 결점'을 상징하며, 따라서 성모의 발아래에 놓여야 한다고 설명했다. 그는 달이 죄와 악한 심성을 표현하는 뱀과 같은 것이라면서, 이런 존재는 성모에 의해서 짓밟히고 극복되어야 하는 대상이라고 논평했다.

자세한 달 그림을 남겼던 갈릴레오는 이후 저작에서는 점차 그림을 사용하지 않았으며, 대작《대화》(1632)나《새로운 두 과학》(1638)에서는 추상적인 기하학적 도형 외에는 거의 그림을 사용하지 않았다. 역사가들은 갈릴레오의 신분 상승에서 이유를 찾는다. 갈릴레오가 신분이 낮은 수학 교수였을 때는 예술가나 예술과의 관계를 중요하게 생각하고, 자신의 저작을 예술처럼 보이게 하려고 노력했지만, 메디치 궁정의 철학자가 된 뒤에는 그보다 신분이 낮은 예술과 굳이 관계를 맺을 필요가 없어졌다는 것이다.(Winkler and van Helden

1992) 이런 변화는 갈릴레오에게만 나타난 것이 아니라, 17세기 역학 전체에서 나타난다. 역학mechanics은 기계machine에 대한 학문이었는데 이런 전통이 강하게 남아 있던 16~17세기 초엽까지는 역학에서 다양한 그림들이 많이 사용되었지만, 역학이 기계학과 분리되던 17세기 중엽이 되면 교재에서 추상적인 그래프가 그림을 대체하게 된다.(Mahoney 1985·2004) 여러 가지 이유에서 과학은 예술과 멀어지기 시작했음을 알 수 있다.

치골리의 벽화는 과학이 예술과 멀어지고 종교와 갈등을 일으키기 시작한 시점에, 예술을 통해 새로운 과학적 발견과 종교를 조화시키려 했던 교회의 노력을 보여준다. 과학과 예술은 과학자나 예술가들에 의해서만 만났던 것이 아니라, 새로운 과학을 종교와 일치시키는 방식으로 해석하고 포용하려고 노력했던 교회에 의해서도 만날 수 있었다. 물론 치골리의 벽화가 그려진 지 30년이 지난 뒤에 발생한 갈릴레오의 재판을 보면, 이런 노력이 오래가거나 성공하지는 않았다는 사실을 짐작할 수 있겠지만.

2

이성과 근대성

뉴턴은 어떤 사람이었을까?
〈뉴턴 기념관〉과 신으로 추앙된 과학자
블레이크는 왜 구부정한 모습의 뉴턴을 그렸나?

05

뉴턴과 블레이크
과학적 세계관의 완성과 그 비판자들

──────────── 페이지를 넘기면 윌리엄 블레이크(1757~1827)라는 영국의 유명한 시인이자 화가가 1795년에 그린 〈뉴턴〉이라는 작품이 나온다(그림 1). 그림 속에서 뉴턴은 컴퍼스로 도형을 그리면서 자신이 그린 기하학적 도형을 재고 있으며, 이를 주의 깊게 응시하고 있다. 이 그림의 의미를 제대로 이해하려면 뉴턴 과학과 그 영향을 조금 자세히 살펴보아야 한다.

과학혁명의 종결자?

아이작 뉴턴(1642~1727)은 과학혁명의 '종결자'로 간주된다. 다음 시

▶ **그림 1** 윌리엄 블레이크의 〈뉴턴〉, 1795.

구는 18세기 시인 알렉산더 포프가 뉴턴의 묘비명으로 쓰기 위해서
지은 긴 시의 일부인데, 이 짧은 문구 속에는 당시 뉴턴과 뉴턴 과학
의 위상을 실감할 수 있는 핵심이 담겨 있다. 다름 아닌 뉴턴이 혼란
스러운 세상에 한 줄기 빛을 던진 사람이라는 것이다.

자연과 자연의 법칙이
어둠 속에 숨겨져 있었다
신이 뉴턴이 있으라 말했더니
모든 것이 광명이 되었다

뉴턴은 광학 분야와 천체물리학 분야에서 독보적인 업적을 남겼는데, 이를 역사적 사실 위주로 간단히 살펴보면 다음과 같다.(홍성욱·이상욱 2004) 뉴턴은 대학생 시절에 프리즘으로 실험을 하다가, 당시 광학이론으로 잘 설명이 안 되는 현상을 발견했다. 방을 어둡게 한 다음 한쪽 벽의 커튼에 둥근 구멍을 뚫고 빛을 받은 뒤에 이를 프리즘으로 굴절시켜 멀리 보내면, 맞은편 벽에 길쭉한 모양의 스펙트럼이 생긴다. 그의 의문은 왜 둥근 빛이 길쭉한 스펙트럼을 만드는가 하는 것이었다. 이 문제를 고민하다가 뉴턴은 백색광에 서로 다른 단색광들이 혼합되어 있고, 각 단색광은 유리에 대해서 다른 굴절률(굴절되는 비율)을 가진다는 생각에 도달했다. 이런 다양한 단색광들이 혼합되어 있을 때에는 색깔을 볼 수 없지만, 그것들이 프리즘을 통과하면서 서로 다른 각도로 굴절되기 때문에 스펙트럼을 만들 뿐만 아니라, 그 모양이 길쭉하게 나온다는 것이었다. 그는 이런 가설을 입증할 수 있는 '결정적 실험'을 하고 이 결과를 포함해 야심 차게 자신의 첫 논문을 썼으며(1672), 이를 토대로 색수차(렌즈에 맺힌 상 주변에 무지개 색깔이 만들어지는 현상)가 없는 반사망원경을 만들었다. 그렇지만 그의 이론과 실험은 숱한 저항에 부딪혔고, 당시에는 널리 받아들여지지 않았

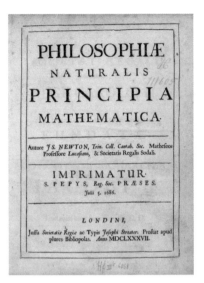

▶ **그림 2** 뉴턴의 《프린키피아》 표지.

다. 뉴턴은 이런 결과에 실망해서 자신이 수학을 가르치던 케임브리지대학교에서 은둔하기 시작했다.

케임브리지에서 은둔 생활을 하며 연금술에 몰두하던 뉴턴을 다시 세상으로 불러낸 것은 행성의 운동에 대한 논쟁이었다. 1679년에 뉴턴은 당시 왕립학회 실험 큐레이터인 로버트 후크와 서신을 교환하면서 힘을 받는 물체의 운동에 대해서 의견을 나눴다. 이때 후크는 곡선운동을 하는 물체에 가해지는 힘을 물체의 직선 방향의 운동력과 중심에서 물체를 끌어당기는 구심력으로 나눌 수 있다는 의견을 제시했다. 중심에서 물체를 끌어당기는 힘의 존재를 상정할 수 있다는 후크의 아이디어는 이후 뉴턴이 행성의 타원 궤도 운동을 수학적으로 증명하는 데 결정적 역할을 했다. 1684년에 핼리의 방문을 받은 뉴턴은 그의 자극에 고무되어 두 물체 사이에 작용하는 만유인력이라는 힘과 간단한 운동 법칙을 이용해서 케플러의 세 가지 법칙은 물론 당시까지 알려진 숱한 지구상의 운동과 천체의 운동을 수학적으로 설명하는 데 성공했다. 그의 저술은

1687년에 《프린키피아Principia》(자연철학의 수학적 원리)라는 제목으로 출판되었다.(홍성욱·이상욱 2004)

《프린키피아》를 출판하고 뉴턴의 명성은 점차 높아졌다. 처음에는 영국을 중심으로 뉴턴의 '사도'들이 생기더니, 18세기에는 이런 움직임이 프랑스로 확산되었다. 1704년에 뉴턴은 그동안의 광학 연구를 묶어 《광학》을 출판했다. 1672년에는 받아들여지지 않던 빛과 색깔에 대한 뉴턴의 이론은 이제야 널리 수용되기 시작했다. 두 책은 성격이 매우 달랐는데, 《프린키피아》는 수학적으로 매우 난해한 데 반해서 《광학》은 실험이 바탕이 된 저술이었다. 뉴턴은 가설을 세우지 않는다고 천명했고 자신의 업적은 오직 수학과 경험(실험)에만 근거한 결실이라고 강조했으며, 사람들은 이를 글자 그대로 받아들였다. 사람들은 뉴턴이 간단한 운동 법칙을 사용해서 지상의 역학과 천상의 천문학을 통합했고, 실험을 통해 수학적 가설을 증명함으로써 수리과학과 실험과학을 종합했다고 생각했다. 뉴턴은 이해도 안 되고 설명도 안 되는 만유인력을 도입했지만, 많은 사람들이 뉴턴의 말을 받아들여서 행성의 타원운동에 대한 수학적 증명이 만유인력을 입증한다고 생각하게 되었고, 결국 만유인력을 받아들였다.* 뉴턴 과학은 철저히 경험과 실험의 바탕 위에 구축되었다고 믿었던 사람들이 많았는데, 다음 장에서 살펴볼 프랑스 사상가 볼테르도 그중 한 명이었다.

---

* 한 역사학자는 이를 두고 '흔하지 않은 불가해성uncommon incomprehensibility'이 '흔한 불가해성common incomprehensibility'이 되었다고 평가했다. (Koyre 1965)

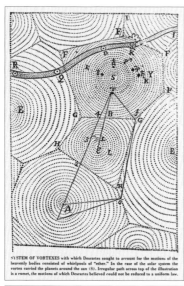

SYSTEM OF VORTEXES with which Descartes sought to account for the motions of the heavenly bodies consisted of whirlpools of "ether." In the case of the solar system the vortex carried the planets around the sun (S). Irregular path across top of the illustration is a comet, the motions of which Descartes believed could not be reduced to a uniform law.

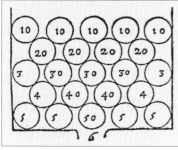

▶ **그림 3** 데카르트의 《세계》에 묘사된 태양계.

그림 2는 뉴턴의 주저인 《프린키피아》의 표지이다. 이 책에는 아름다운 표지 그림이 없고, 본문에도 기하학적 도형을 제외하면 눈에 두드러지는 그림이 한 장도 들어 있지 않다.

아마도 뉴턴은 자신의 책에서 주로 비판했던 데카르트주의자들을 염두에 두고 의도적으로 그림을 사용하지 않은 듯하다. 예를 들어, 데카르트는 자신의 책에서 우주를 구성하는 눈에 보이지 않는 입자들의 운동으로 세상의 변화와 다양한 현상이 생긴다는 점을 설명하기 위해 여러 종류의 시각적 이미지를 사용했다. 예를 들어 그림 3의 위쪽 그림은 태양계에서의 행성 운동을 설명하는데, 여기에서 태양계의 행성들은 태양을 중심에 두고 회전하는 눈에 보이지 않는 입자들의 거대한 소용돌이에 휩싸여 함께 태양 주위를 돌고 있다. 그림

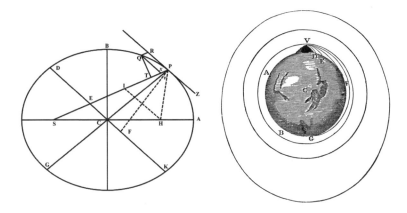

▶ **그림 4** 《프린키피아》에서 뉴턴이 케플러의 제1법칙을 증명하는 데 사용한 기하학 도형(왼쪽)과 같은 책의 '세계의 체계'에 수록된 지구 위에서의 투사체와 달의 운동(오른쪽).

3의 아래쪽 그림은 빛의 전파를 설명하기 위해서 데카르트가 도입한 모델로, 포도주 통 속에 있는 포도와 같이 매질 속에 둥근 공과 같은 입자가 꽉 차 있다.

뉴턴은 이러한 데카르트의 보이지 않는 미소微少, micro 메커니즘을 '가설'이라고 비판했고, 자신은 가설을 세우지 않는다는 점을 분명히 했다. 뉴턴은 현상으로부터 힘을 유도하고 이 힘으로 다른 현상을 설명한다면 힘의 존재는 입증된 것이나 마찬가지라고 했다. 그러면서 자신의 만유인력은 이런 과정을 거치면서 증명되었기에 데카르트의 가설들과는 차원이 다르다고 주장한 것이다. 그림 4의 왼쪽 그림은 뉴턴이 자신의 가장 중요한 업적인 케플러의 제1 법칙을 증명하는 데 사용한 기하학적인 도형이다. 그는 행성 P와 태양 S 사이에서 작용하는 거리의 제곱에 반비례하는 힘을 상정하고, 이런 힘을 상정할 때 행성이 태양의 주위를 타원 궤도로 운동하는 것을 증명할 수 있다고 생각했다. 거꾸로, 이를 증명하면 힘의 존재를 확증한 것이라고 믿었다. 그렇지만 여기에서 볼 수 있는 기하학의 세계는 실제 세계와 거리가 있음을 이해하는 것이 중요하다. 실제 우주에서는 태양과 행성 하나가 서로를 끌어당기면서 운동하는 것이 아니라, 여러 행성들이 복잡하게 서로에게 영향을 미치면서 운동하고 있기 때문이다.

《프린키피아》에 이런 추상적인 기하학 도형만 있었던 것은 아니다. 실제 세계를 비슷하게 그려놓은 그림도 있었는데, 그림 4의 오른쪽 그림은 '세계의 체계'라는 부분에 실린 것으로 여러 가지 의미에서 뉴턴 역학의 정수를 담고 있다. 지구를 둘러싼 가장 큰 원주는 달의 궤도로, 달이 약간 울퉁불퉁한 지구 주위를 돌고 있음을 표현한 것이다. 케플러의 제1 법칙에 의하면 달의 공전궤도도 타원이지만 달이 지구에 매우 가깝고 지구가 워낙 크기 때문에 거의 원과 비슷하게 묘사되어 있다. V에서 시작하는 여러 선들은 지구 위 V 지점에서 던져진 물체가 각각 D, E, F에 떨어질 때의 궤적을 의미한다.

세계 던질수록 V에서 점점 더 먼 곳으로 낙하운동을 하는데 만일 F에 떨어질 때보다 더 세게 물체를 던진다면 물체는 어떤 궤적을 그리며 운동을 할까? 뉴턴은 이 물체가 지구 반대편으로 떨어지다 못해 지구를 돌게 될 것이라고 예상했다. 지구를 돌 만큼 세게 던져진 물체는 결국 달의 운동과 같은 궤도를 그린다는 것이 이 그림이 설명하려는 바였다. 이것은 인공위성의 원리와 다름없는데, 우리에게 중요한 것은 뉴턴이 지상에서 던지는 돌의 운동과 달의 운동 같은 천상계의 운동을 하나의 원리로 모두 설명했다는 사실이다. 천상계와 지상계의 운동은 뉴턴에 의해서 완벽하게 하나로 통합되었다. 2000년을 이어 오던 지상계와 천상계의 구분은 완전히 사라졌다.

신이 된 과학자

뉴턴은 어떤 사람이었을까? 뉴턴의 《프린키피아》가 출판된 직후인 1689년에 화가 고드프리 넬러는 뉴턴의 초상화를 그렸다(그림 5 왼쪽). 이 초상화에서 검소한 옷을 입은 뉴턴은 두 손을 다소곳하게 모으고 무언가를 응시하는 시선으로 중앙에서 약간 위쪽을 바라보고 있다. 초상화의 배경은 평범한 벽이다. 이 그림은 영국 국민이 가장 애호하는 뉴턴 초상화로 꼽히는데, 뉴턴은 이 초상화를 좋아하지 않았다고 한다. 그는 넬러가 그린 초상화를 거의 내팽개치다시피 방치했고, 이 초상화는 뉴턴이 살아 있을 때 분실되어 150년 뒤에 우연히 발견되었을 정도였다. 반면에 1712년에 제임스 손힐이 그린 초상화 속 뉴턴의 모습은 사뭇 다르다(그림 5 오른쪽). 뉴턴은 값비싼 옷을 입고 있으며, 손가락으로 무언가를 가리키고 있다. 위압감을 풍기는 시선으로 보는 사람을 쏘아보고 있으며, 배경에는 고대 로마의 신전 기둥 같은 것이 그려져 있다. 로마의 귀족 비슷한 느낌을 주는 모습인데, 뉴턴은 손힐의 이 초상화를 가장 좋아했다고 한다.(Fara 2000)

▶ **그림 5** 넬러가 그린 뉴턴의 초상(1689, 왼쪽)과 손힐이 그린 뉴턴의 초상(1712, 오른쪽).

이 에피소드는 뉴턴이 겸손과는 거리가 먼 사람일 가능성을 시사한다. 그렇지만 뉴턴은 자신을 순진한 어린아이에 비유한 것으로 널리 알려져 있다. '아직 발견되지 않은 진리의 대양'이 눈앞에 펼쳐져 있는데, 자기는 '모래사장에서 더 매끄러운 조약돌이나 더 예쁜 조개껍데기를 줍는 어린아이'라고 했다는 일화는 유명하다. 그렇지만 뉴턴과 18세기 뉴턴 과학을 깊이 연구한 역사학자 사이먼 섀퍼는 뉴턴이 이 얘기를 하지 않았다고 확신한다.* 뉴턴은 시적인 표현을 쓴 적

• Simon Schaffer, "Newton on the Beach: The Information Order of Principia Math ematica", 2008 Harry Camp Lecture. http://wisdomportal.com/IsaacNewton/Schaffer NewtonOnBeach.html

이 없으며, 여행을 거의 하지 않았기 때문에 바닷가의 모래사장 같은 곳은 익숙지 않았고, 따라서 이를 상상할 일이 없었다는 것이다. 어찌되었든 뉴턴은 왕립학회의 회장이 된 뒤에 철권통치를 했고, 자신의 이론이 진리임을 알리기 위해서 관찰 데이터에 정확하게 들어맞는 방식으로 이론을 수정했다. 심지어 관찰을 통해 얻어낸 변수를 자신에게 유리한 방식으로 해석하기도 했다.(Westfall 1973) 또 죽을 때까지 미적분의 발명에 대한 라이프니츠의 우선권을 결코 인정하지 않았다는 사실도 유명하다.

　뉴턴은 당시 과학자와는 조금 다른 면모도 가지고 있었다. 연금술 연구에 상당히 많은 시간을 할애했고, 고대 이집트 문명에 큰 관심을 가지고 이를 연구하기도 했으며, 신성모독에 가까울 정도로 독창적인 성서 해석 이론을 제시했다. 그러나 오늘날 일반적으로 뉴턴에게서 떠올리는 이미지는 이성적이고 합리적인 과학자이며, 이는 18세기에도 그랬다. 뉴턴에 의해서 논쟁들이 해결되었기 때문에 많은 사람들이 뉴턴을 신에 가까운 사람으로 여기게 되었다. 수학의 역사에 등장하는 꽤 유명한 프랑스 수학자 기욤 드 로피탈은 뉴턴이 보통 사람들과 어울리고 보통 사람들처럼 먹고 잔다는 얘기를 듣고 깜짝 놀랐다고 한다. 살아 있을 당시 뉴턴이 이미 상당히 신격화되어 있었음을 알 수 있다. 과학자의 신격화는, 과학에 초인적인 보편 원리와 법칙이 담겨 있다는 생각이 만들어지고 대중에게 받아들여지게 된 과정과 궤를 같이한다.

　18세기 프랑스 건축가인 에티엔루이 불레는 1728년에 파리에서

▶ **그림 6** 불레가 스케치한 왕립 도서관.

태어나 1799년에 사망할 때까지 주로 파리의 프랑스 건축 아카데미에서 활동한 건축가이다. 그는 건축의 새로운 형식을 실험한 것으로 널리 알려져 있으며, 복잡한 형태가 아니라 간단한 기하학적 모형을 이용해서 건축의 문제를 해결해야 한다고 생각했다. 이것이 자연스러운 형상이기 때문이었다. 그는 거대한 규모의 건축물 드로잉을 많이 남겼고, 이는 후대에 영향을 주었다. 그가 설계한 왕립 도서관(그림 6)은 라파엘로의 〈아테네 학당〉에 나오는 공간을 실제로 구현하려 했던 것으로 평가된다.(Kaufmann 1939)

그림 7은 불레가 스케치한 뉴턴의 기념관이다. 불레의 뉴턴 기념관

의 외양은 지금의 천문관planetarium과 매우 흡사할 뿐만 아니라 내부 설계도 유사하다(물론 그의 많은 설계안이 실제 구현되지 못한 것처럼 이 건물 역시 지어지지 않았다. 당시의 건축 기술이나 토목 기술을 생각해보면 애초에 이 기념관은 지을 수 없는 것이었다). 이 건물의 독창성은 완벽한 구형 건물을 만들려고 했다는 데 있다. 이전까지는 내부가 반半구형 인 신전 판테온 정도가 구형 건축물에 가장 가까웠는데 불레는 반구 가 아닌 완벽한 구형 건물을 시도했다. 그는 이 새로운 건축물을 다른 사람이 아닌 뉴턴에게 헌정했다. 뉴턴이야말로 우주를 만든 건축가인 신과 그의 작품인 거대한 '우주 기계'를 가장 정확하게 수학적으로 이 해한 사람이라고 평가했기 때문이다. 사실 로마의 유명한 판테온이 반구형인 이유도 인간이 신전을 지을 때에는 신이 만든 우주와 가급 적 가장 비슷한 형태로 지어야 한다고 생각했기 때문이다.(Vogt 1984)

불레의 거대한 원형 건물의 하단에는 입구가 있었다. 그림에서 입 구 근처에 점점이 찍혀 있는 형상이 사람임을 생각한다면, 이 건물 의 거대한 규모를 짐작할 수 있다. 설계도에 나타난 이 구조물의 천장 에는 작은 구멍들이 많이 뚫려 있다. 낮에는 내부를 어둡게 해서 안 에서 구조물의 천장을 보면 우주를 보는 것 같은 효과를 주기 위해서 였다. 밤에는 거대한 등불을 밝혀 안을 대낮처럼 밝게 함으로써 빛이 구멍을 통해 안에서 밖으로 뻗어 나가도록 했다. 첫 번째 효과는 뉴 턴이 천체의 신비를 처음으로 밝혔다는 사실을, 두 번째 효과는 뉴턴 이 처음으로 빛과 색채의 본질을 밝혔다는 점을 기념하는 의미가 있 다.(Cohen 1978)

▶ **그림 7** 불레가 스케치한 〈뉴턴 기념관〉. 설계도에 따르면, 원형 건물 하단에 입구가 나 있고 천장에는 수많은 구멍이 뚫려 있다. 그러나 이 기념관은 당시 기술로는 만들 수 없었다.

이렇게 18세기에는 뉴턴을 신격화하고 지식의 총체로서 백과전서를 편찬하면서 이성을 끝없이 찬양하는 사람들이 있었던 반면, 이성에 대한 맹목적인 신뢰를 비판하는 목소리도 등장한다. 비판자들은 뉴턴 과학이 세상을 정량화·기계화하면서 세상에서 가장 소중한 아름다움, 가치, 질quality을 앗아갔다고 비판했다. 이런 비판은 정량화된 물리과학 전반에 쏟아졌지만, 뉴턴에 초점이 맞춰진 경우도 많았다.

예술과 과학의 갈등, 블레이크의 구부정한 뉴턴

윌리엄 블레이크는 런던의 양말 공장 직공의 아들로 태어나서 열 살까지만 학교에 다녔고, 이후에는 독학을 해서 성공한 작가이자 화가이다. 그는 판화에 소질을 보여서 열네 살 때 판화가의 제자가 되었으며, 7년 수련 후 전문 판화가가 되었고, 1784년에는 인쇄 공방을 열었다. 당시 그는 급진적 출판인 조지프 존슨과 함께 일했는데, 블레이크의 집은 화학자 프리스틀리를 포함해서 당대 지식인들의 만남의 장소였다. 그는 그림을 덧붙인 시화집을 주로 출판했는데, 블레이크의 시는 예나 지금이나 많은 이들이 즐겨 읽는다. 작고한 애플사의 스티브 잡스는 블레이크의 시를 읽으면서 영감을 떠올리곤 했다고 알려져 있다. 블레이크는 성격이 괴팍했고 여러 논쟁에도 끼어들었는데, 물리학에 대한 논쟁에도 적극적으로 참여했다. 그가 〈뉴턴〉을 그린 배경을 엿볼 수 있는 대목이다.

▶ **그림 8** 조르조 지시의 〈페르시아의 시빌〉. 왼쪽 아래의 인물이 아비아스이다.

이 장 초입에 실은 블레이크의 뉴턴 초상화(그림 1)를 보자. 뉴턴은 구부정한 자세를 취하고 있다. 그림에서는 잘 드러나지 않을 수도 있지만 매우 불편한 자세이다. 일단 이런 불편한 자세를 취하고 있는 뉴턴을 그렸다는 사실은 블레이크가 그에게 호감을 표하려 했던 것이 아님을 보여준다. 이 자세는 조르조 지시의 〈페르시아의 시빌〉에 나오는 아비아스Abias를 모델로 했다는 것이 정설인데(그림 8), 아비아스는 신에게 절대 복종하는 입장을 취했다고 알려진 고대의 인물이다. 그런데 블레이크는 뉴턴이 복종한 신이 자비롭고 지혜로운 신이 아니라, 상상력과 감정을 박탈당하고 이성만 남은 신, 즉 유리즌Urizen이라고 생각했다. 뉴턴은 이성의 신 유리즌에 절대 복종하는 존재이며, 이런 의미에서 아비아스의 자세는 뉴턴을 표현하기에 가장 적절했다는 것이다.(Gage 1971)

그림 1 속 뉴턴은 자와 컴퍼스를 이용해서 그려진 단순한 도형을 주의 깊게 응시하고 있는데, 블레이크는 마치 뉴턴이 종이 위에 그려진 단순한 그림이 세상의 이치를 드러내는 심원한 진리라고 믿는 것 같은 장면을 연출했다. 뉴턴은 복잡한 세상을 아주 간단한 기하학으로 표현할 수 있다고 믿은 단순한 사람이었다는 의미를 전하려는 것이다. 그가 응시하는 도형은 삼각형 속에 반원에 가까운 호가 들어 있는 것인데, 마치 프리즘 속에 무지개(빛의 스펙트럼)가 들어 있는 것처럼 보이기도 한다. 블레이크는 이런 뉴턴의 과학을 '외눈박이 시각 Single Vision'이라고 명명했다.

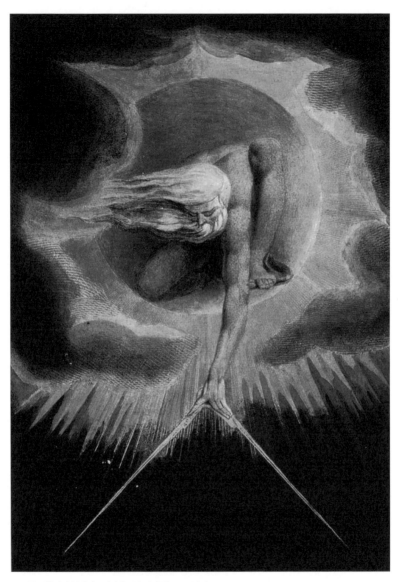

▶ **그림 9** 윌리엄 블레이크의 〈태고의 나날들〉, 1794년경.

신이여 제발 우리를 깨어 있게 해주옵소서

외눈박이 시각과 뉴턴의 잠으로부터

블레이크는 "예술은 생명의 나무이고, 과학은 죽음의 나무이다"라
고 과학을 비판했는데 뉴턴의 빛 입자나 데모크리토스의 원자나 모두
신을 모독하는 유물론의 변종이라고 비판하기도 했다. 그는 뉴턴을
독재자로 묘사하면서, 뉴턴이 에덴동산의 평화와 조화를 강제적인 운
동으로 대체한다고 비난했다.

유리즌은 인간의 이성만을 내세우는 세태를 강하게 비판하는 맥락
에서 블레이크가 만들어낸 신이다. 유리즌은 '태고의 나날들Ancient of
Days'이라는 제목의 시와 그림에 나온다. 그림 9에서 보듯이 여기에
등장하는 유리즌은 신이기는 하지만 기독교의 신은 아니다. 유리즌은
세상을 컴퍼스로 만들어낸다. 기독교의 신은 완벽한 데 반해 유리즌
은 완벽한 신에서 상상과 감성이 박탈당하고 이성만 남은 매우 불완
전한 존재이다. 또 유리즌은 이성만을 가지고 세상을 만들고 평가하
려 하기 때문에 불완전할 뿐만 아니라 위험한 존재이다. 유리즌이라
는 단어가 '당신의 이성your reason', 즉 '이성만이 남음'에서 나왔다는
설이 있는데, 이는 블레이크가 이성을 강조하는 입장에 선 사람들에
게 던졌던 날카로운 비판의 시선을 짐작하게 한다. 그림 속의 뉴턴은
어떤 의미에서는 유리즌의 구현이라고 할 수 있다.

중세의 그림들에서도 블레이크의 뉴턴 또는 유리즌과 유사한 신의
모습을 찾을 수 있다. 일례로 잘 알려진 그림 10에서 신은 세상을 컴

▶ **그림 10** 중세에 그려진 '기하학적인 신'.

퍼스로 재고(혹은 만들고) 있다. 지나치게 이성을 강조하는 것을 두려워하는 생각이 오래전부터 있었음을 알 수 있다.

과학과 예술은 이렇게 평행선을 달릴 수밖에 없는가? 영국의 국립도서관은 오래된 역사를 개조한 새 건물로 옮기면서, 도서관 앞에 설치할 상징 조형물로 조각가 에두아르도 파올로치의 〈뉴턴〉을 선정했다. 이는 한눈에 봐도 블레이크의 〈뉴턴〉을 현대적으로 해석해 다시 제작한 것이다. 그런데 이 소식을 접한 영국의 과학자들이 〈타임〉지 등을 통해서 조각의 철거를 주장하며 거세게 항의하기 시작했다. 영국의 대표적인 과학자인 뉴턴을 폄하하는 그림을 본뜬 조각물이 영국이 자랑하는 도서관의 상징물로 놓이는 것에 대해 불편했기 때문이다.

이후 작은 논쟁들이 이어졌는데, 결국 뉴턴뿐만 아니라 블레이크도 영국의 소중한 유산이라는 합의로 마무리되었다. 즉 과학만이 아니라 과학의 위험, 과학 만능주의를 경고했던 블레이크의 인문 정신 역시

▶ **그림 11** 에두아르도 파올로치의 〈뉴턴〉, 영국 국립도서관 소재.

영국이 자랑하는 전통이며, 영국의 국립도서관이 꼭 담아야 하는 정
신이라는 결론이 내려졌다. 결국 이 조형물은 철거되지 않았고, 지금
까지도 도서관 앞에서 영국의 정신을 상징하고 있다. 18세기에 과학
과 예술의 갈등을 드러냈던 블레이크의 〈뉴턴〉은 21세기에 들어와서
과학과 인문, 예술의 대화와 융합의 새로운 단계를 상징하는 조형물
이 되고 있다. 파올로치의 조각 작품 〈뉴턴〉을 둘러싼 논쟁은 우리에
게 과학과 인문, 예술의 관계에 대해서 많은 것을 시사해주고 있다.

볼테르, 그리고 과학과 사랑에 빠진 샤틀레 부인

《물리학의 기초》 권두화에 담긴 여성 편견

샤틀레 부인이 과학사에 남긴 유산

06 샤틀레 부인과 볼테르
철학자의 연인에서 여성 과학자로

뉴턴에게 빠진 연인

볼테르는 많은 풍자시,《캉디드》같은 소설,《철학서한》같은 서간집 등을 써서 당대에 많은 독자를 거느렸던 계몽사조기 프랑스의 대표적 문인이었다. 젊은 시절부터 문예에 재능을 보였지만, 어느 귀족의 심기를 건드렸다는 이유로 매를 맞는 모욕을 당하고 영국으로 도망가야만 했다. 그는 영국에서 뉴턴의 장례식이 마치 국왕의 장례식처럼 성대하게 치러지는 것을 보았고, 귀족이 정점에 있는 계급제도나 엄격한 신분 질서의 힘이 약하고, 로크의 경험주의 철학이 지배적이며, 종교적 관용과 의회제도가 정착해 있음을 발견했다. 반면에 프랑스의 상황은 모든 면에서 영국과 정반대였다.

▶ **그림 1** 니콜라 드 라르질리에르의
〈샤틀레 부인의 초상〉, 18세기. 초상
속의 샤틀레 부인은 오른손에는 컴
퍼스를 들고 있고, 왼손은 별자리가
그려진 천구에 얹고 있다. 샤틀레 부
인의 초상화는 여럿 있는데, 대개 한
손에는 컴퍼스를 들고 있다.

　그는 이러한 차이를 《철학서한》에 상세히 소개했는데, 특히 뉴턴
과학과 프랑스의 데카르트 과학을 비교하면서 전자를 추켜세웠다. 예
를 들어, 영국인의 우주는 진공과 중력으로 가득 차 있고, 프랑스인
의 우주에는 눈에 보이지 않는 데카르트식의 소용돌이가 가득 차 있
었다. 또 영국인의 지구는 가운데가 불룩한 납작한 형태였고, 프랑스
인의 지구는 남북으로 길쭉한 모양이라는 식이었다. 가설과 공상적인
모델이 판을 치는 프랑스의 과학에 비해 뉴턴의 과학은 합리적이고
경험적인 성격을 띠고 있는 것으로 보였다. 볼테르는 영국에 있을 때
이미 뉴턴의 과학을 프랑스에 도입할 필요를 느꼈다.

볼테르는 몇 년에 걸친 망명 생활 끝에 프랑스로 돌아왔는데 이즈음인 1733년에 샤틀레 부인이라는 여인과 가까워졌다. 샤틀레 부인의 본명은 에밀리 브르테이유였고, 열여덟 살에 샤틀레로몽 후작과 결혼함으로써 이후에는 샤틀레 부인으로 불렸다. 그녀의 아버지는 루이 14세 의전국의 수장이었고, 그녀는 정식 교육을 받지는 않았지만 가정교사에게 언어와 수학을 배웠다. 일설에 의하면 파리 과학아카데미의 서기였던 퐁테넬이 어린 샤틀레 부인을 가르쳤다. 그녀는 열두 살 때 이미 5개 언어에 능통할 정도로 명석했고, 수학에도 관심이 많아서 기초 수학을 공부하기도 했다. 그녀가 열여덟 살에 결혼했을 때 귀족 장교였던 남편은 서른 살이었다. 남편은 외지 근무가 잦아서 자주 집을 비웠고, 그녀는 남편의 동의하에 시레Cirey에 있는 자신의 성으로 볼테르를 초대해서 함께 지냈다.

그녀의 성은 파리에서 멀리 떨어져 있었지만 철학자와 과학자가 즐겨 찾았다. 샤틀레 부인은 특히 당시에 유명한 지식인이었던 볼테르와 친분을 맺음으로써 자신의 성을 일종의 '살롱'으로 만들었다. 영국에서 돌아온 볼테르는 그녀의 성에 머물면서 실험을 하고, 뉴턴 과학을 함께 공부했다. 볼테르와 샤틀레 부인은 자타가 공인하는 애인 사이였다. 지금 보면 이해하기 힘들지만, 당시에 신분이 높은 사람들은 결혼은 가족 간의 관례에 따라서 하고 이후에 사랑하는 애인을 두는 것이 일반적이었다.

이 시기에 프랑스 수학자 모페르튀의 초청을 받아 샤틀레 부인의 시레 성에서 잠깐 머물렀던 이탈리아 자연철학자 프란체스코 알가로

▶ **그림 2** 프란체스코 알가로티의 《숙녀들을 위한 뉴턴》(1737)의 권두화. 시레의 성을 배경으로 알가로티와 샤틀레 부인이 대화를 나누고 있다.

티는 자신이 집필하고 있던 《숙녀들을 위한 뉴턴》(1737)의 내용을 샤틀레 부인에게 들려주고 그녀의 논평을 청해서 들었는데, 그녀와 대화하는 자신의 모습을 책의 표지에 그려 넣었다. 알가로티의 《숙녀들을 위한 뉴턴》은 출판되자마자 쇄를 거듭하고 여러 언어로 번역되었다. 이 사실에서 알 수 있듯이, 당시 부유한 여성들 사이에서 과학이나 철학의 인기가 높아지고 있었다. 알가로티는 과학이 여성에게 마치 사랑에 빠지는 것 같은 새로운 기쁨을 준다면서, 여성 독자들의 관심을 끌려고 했다.(Mazzotti 2004) 그는 상대적으로 여성들이 더 쉽게 이해할 수 있는 뉴턴 광학을 다뤘지만, 뉴턴의 천체역학 역시 여성이 접근할 수 없는 영역은 아니라고 강조한 사람들도 있었다. 당시 한 여성(매리 워틀리 몬테이구 부인)은 "뉴턴이 한 계산을 해낼 능력이 있는 사람은 극소수이지만, 그 결과는 적당한 능력을 가진 사람이라면 이해하기 어렵지 않다"라고 하면서, 여

2. 이성과 근대성

성들이 과학을 더 많이 공부해야 한다고 주장했다. 이후《물리과학의 연결》(1834)이라는 과학 개설서를 쓴 메리 소머빌 부인도 비슷한 지적을 했다. 그녀는 수학과 역학의 최고급 분야를 잘 알고 있는 소수의 사람만이 천체물리학을 충분히 이해할 수 있지만, "물리과학 체계의 다른 부분이 어떻게 서로 의존하며 어떤 과정을 통해 가장 놀라운 결론들이 유도되었는지를 이해하는 정도의, 일반적인 개요를 따라가는 데 충분한 숙련은 과학 연구를 회피하는 많은 사람들도 달성할 수 있다"라고 하면서 여성들의 공부를 독려했다.(Hutton 2004a)

볼테르와 사랑에 빠졌던 1734년경만 해도 샤틀레 부인은 당시의 고등 수학과 물리학을 이해하는 데 어려움을 겪었다. 그녀는 수학자 모페르튀에게 쓴 편지에서 대수학에 대한 지식이 일천해서 물리학을 이해하기 힘들다는 사실을 토로했다. 그렇지만 그녀는 수학을 배워서라도 과학을 이해하려고 했으며, 이를 위해 모페르튀와 클레로 같은 당대 최고의 수학자들을 자신의 성에 초청해서 수학을 공부했다. 같은 시기에 샤틀레 부인은 실험과학에도 열중했다. 과학아카데미는 1738년에 우수 논문을 심사한다고 발표했으며, 볼테르는 불의 무게에 대한 연구로 이 공모에 응하기로 결심하고 샤틀레 부인의 실험실에서 매일 밤 물질을 태우고 무게를 재는 실험에 몰두했다. 샤틀레 부인은 이 실험을 도왔는데, 그 과정에서 불에 대해서 볼테르와는 다른 흥미로운 아이디어를 얻게 되었다. 당시 이들은 주로 밤에 실험을 했고, 샤틀레 부인은 두 시간만 자고 얼음물로 졸음을 쫓으면서 모든 시간을 연구에 쏟아부었다.

당시 볼테르는 불이 무게를 가진 입자들로 이루어졌다고 생각했다. 샤틀레는 이와 달리 불이 무게가 없는 입자로 구성되었고, 전혀 새로운 물질일 가능성을 생각했다. 파리 아카데미의 논문 공모 마감일 직전에 그녀도 불에 대해서 생각하고 실험한 것을 정리해서 제출했다. 결과적으로 샤틀레와 볼테르는 모두 상을 받지 못했다. 그렇지만 아카데미가 응모자들의 명단을 전부 공개하는 바람에 그녀가 응모한 사실이 드러났다.(Terrall 1995) 샤틀레 부인은 이 연구를 발전시켜서《불의 속성과 전파에 대한 과학 논문》(1739)을 출판했다.

불에 대한 연구를 마치고 볼테르는 프랑스에 뉴턴을 소개할 목적으로《뉴턴 철학의 개요Elémens de la philosophie de Neuton》(1738)의 집필에 착수했다. 그는 영국 경험주의 대 프랑스의 독단론을 비교하면서, 영국식 철학과 과학이 프랑스 사회의 계몽에 유리하다고 생각했다. 그는 샤틀레 부인과 함께 뉴턴 과학을 공부했고, 이 과정에서 샤틀레 부인도 본격적으로 뉴턴의 역학과 천체물리학에 깊은 관심을 가지게 되었다. 특히 샤틀레 부인이 수학을 사사한 수학자 모페르튀는 뉴턴의 천체물리학이 케플러의 법칙을 잘 설명하기 때문에 데카르트의 물리학보다 우수하다고 생각했으며, 뉴턴이 말한 대로 만유인력이 존재한다고 믿었다. 그는 당시 프랑스에서는 드물게 뉴턴을 받아들인 과학자였다. 뉴턴에 대한 모페르튀의 긍정적인 평가는 샤틀레 부인에게 영향을 주었을 가능성이 크다.(Zinsser 2007) 수학에 무지하지 않았던 그녀는 공부를 계속함에 따라 나중에는 뉴턴의《프린키피아》에 나오는 어려운 기하학을 완전히 이해할 수 있었다. 이때부터 샤틀레 부인은《프린키피아》를 프랑스어로 번역하기 시작했다. 그녀는 번역이 지성인의 작업이고, 이성의 능력을 잘 보여주는 일이라고 평가했는데, 번역은 여성이 남성들만으로 이루어진 당대의 지식인 사회에 영향을 미칠 수 있는 한 가지 방법이기도 했다.

그림 3은 볼테르의《뉴턴 철학의 개요》의 권두화이다. 그림 왼쪽 위의 뉴턴은 컴퍼스를 들고 천구의로 상징되는 우주를 재고 있는데, 이는 기하학(수학)을 통해 세상을 이해하는 뉴턴 과학을 상징한다. 5장에도 나왔지만 뉴턴과 컴퍼스, 혹은 과학자와 컴퍼스는 종종 붙어 다닌다. 여기서 흥미로운 사실은 뉴턴이 들고 있는 컴퍼스와 천구의가 앞서 보았던 샤틀레 부인의 초상화에도 그대로 나타난다는 사실이다. 그림에서 하늘의 구름 사이로 한 줄기 빛이 쏟아지며, 이 빛은 뉴턴의 얼굴을 비춘다. 이렇게 뉴턴과 빛은 같이 등장하는 경우가 많다. 앞 장에서도 보았듯이 뉴턴은 빛에 대한 연구를 통해서 백색광이 색깔을 가진 단색광들의 합이라는 사실을 밝힘으로써 근대적 광학과 색채 이론의 문을 열었기 때문이다. 뉴턴은 자신의 연구가 신의 의도가 담긴 '자연의 빛'을 규명함으로써 세상을 이해하는 데 도움이 될 것이라고 천명했고, 이후 빛은 계몽사상을 상징하는 강력한 상징으로 자리 잡았다. 계몽사조Enlightenment는 글자 그대로 '빛을 받는enlighten' 것을 의미했다.(홍성욱 2012; Reichardt and Cohen 1998)

《뉴턴 철학의 개요》 권두화에는 뉴턴 외에도 샤틀레 부인과 볼테르가 등장한다. 천사들이 떠받치고 있는 사람이 샤틀레 부인이고, 집필에 열중하는 인물이 볼테르이다. 그런데 흥미롭게도 샤틀레 부인과

▶ **그림 3** 볼테르의 《뉴턴 철학의 개요》(1738)에 실린 그림.

볼테르 중에서 샤틀레 부인이 더 중요한 역할을 하는 것처럼 그려져 있다. 샤틀레 부인과 뉴턴은 마치 대화하는 것처럼 서로를 바라보고 있으며, 샤틀레 부인은 뉴턴에게서 온 빛을 볼테르에게 반사하고 있다. 볼테르는 무엇인가를 골똘히 기술하고 있지만, 능동적인 연구자라기보다는 수동적으로 옮겨 적는 사람처럼 보인다. 실제로 볼테르는 친구들에게 "그녀가 구술했고 내가 적었다"라고 《뉴턴 철학의 개요》의 집필 과정에 대해서 얘기하곤 했다. 이 책의 수학적 논의의 많은 부분은 샤틀레 부인이 볼테르에게 알려준 내용을 정리한 것일 가능성이 높다. 샤틀레 부인은 뉴턴의 천체역학을 이해할 수 있는 수학을 공부했지만 볼테르는 그런 적이 없었기 때문이다.

볼테르를 도와서 《뉴턴 철학의 개요》를 연구하면서 샤틀레 부인은 뉴턴 과학에 본격적으로 관심을 가지게 되었고, 자신의 아홉 살짜리 아들도 이해할 수 있을 정도로 물리학을 쉽게 설명하는 대중적인 책을 집필하기 시작했다. 오래지 않아 이 책은 《물리학의 기초Institutions de Physique》(1740)로 출판되었다. 이 책에서는 어린아이를 위해서 역학의 원리를 설명하고 간단한 문제풀이를 실었으며, 아이들이 이해할 수 있는 많은 비유와 삽화를 사용했다. 특히 12장에는 관성의 개념을 아이들이 이해하기 쉽게 설명하는 대목에 나온다(그림 4 아래쪽).

《물리학의 기초》에는 흥미로운 권두화가 있다. 그림의 배경에는 진리의 신전이 있는데, 구름으로 몸을 감싼 진리의 여신이 손에서 빛을 발하고 있다. 이 진리의 빛은 구름을 쫓아버리는 역할을 한다. 신전 상단에는 데카르트, 뉴턴, 라이프니츠 세 남성 과학자의 초상화가 걸

CHAPITRE XII.

Du Mouvement composé.

▶ **그림 4** 샤틀레 부인의 《물리학의 기초》 권두화(위)와 12장에서 아이들을 그려 넣은 삽화(아래). 권두화에서, 신전 계단으로 한 여인이 진리를 향해서 올라가고 있는데, 이 여인은 샤틀레 부인 자신이 분명해 보인다.

려 있다. 이 세 사람의 과학자가 진리를 먼저 발견한 사람이고, 그 공로로 신전에 초상화가 걸렸음을 의미한다. 신전을 향하는 계단에는 한 여인이 진리를 향해서 올라가고 있는데, 이 여인은 샤틀레 부인 자신이 분명해 보인다. 볼테르는 샤틀레 부인을 '프랑스의 미네르바(지혜의 여신)'라고 부르곤 했는데, 그녀는 빈손으로 진리의 신전을 향해 어려운 걸음을 계속하고 있다. 땅에는 다섯 천사가 있는데, 왼쪽부터 식물학, 천문학, 물리학, 화학, 의학을 의미한다. 그림은 이런 개별 과학의 기초 위에서 진리를 찾는 여정에 오른 샤틀레 부인을 묘사하고 있다.

이 그림에서 샤틀레 부인의 얼굴은 잘 드러나지 않는다. 독자들은 진리의 신전으로 걸어 올라가는 여인의 옆모습만 슬쩍 볼 수 있고, 심지어 얼굴의 윤곽조차 분명하지 않다. 당시에 여성들은 책을 쓰면서 표지에 자신의 얼굴을 그려 넣는 경우는 거의 없었다. 이는 남성 저자들이 자신의 얼굴을 잘 보이게 그려 넣곤 했던 경향과 대비된다.(Schiebinger 1988) 갈릴레오는 1613년에 출판된 《태양의 흑점에 대한 편지》의 표지에 자신의 얼굴을 대문짝만 하게 실어놓았다. 여성의 얼굴이 잘 보이지 않는 것처럼 조수들의 얼굴도 잘 보이지 않는다. 브라헤의 조수들의 얼굴이 브라헤의 얼굴에 비해서 대충 그려져 있다든가(2장 참조) 과학자 게리케가 조수들의 얼굴은 잘 보이지 않게 그렸다는 점(8장 참조)을 생각해보면 이를 알 수 있다.

샤틀레 부인의 변심과 라이프니츠

▶ **그림 5** 갈릴레오의 《태양의 흑점에 대한 편지》의 표지 그림.

샤틀레 부인이 진리의 신전에 데카르트와 뉴턴만이 아니라 라이프니츠의 초상화도 걸어놓았다는 것은 의미심장하다. 당시 프랑스 과학자들에게 데카르트가 미친 영향은 심대했고, 1730년대에도 이 영향은 지속되고 있었다. 또 볼테르처럼 뉴턴을 신봉하기 시작한 사람들의 수도 늘고 있었다. 당시 서로 다른 세계관을 믿으면서 경쟁하던 데카르트주의자들과 뉴턴주의자들의 공통점이 있었다면, 이들이 라이프니츠에 대해서 무척 적대적이었다는 것이다. 뉴턴(실제로는 스그라베잔데 같은 뉴턴의 제자들)과 데카르트는 운동 과정에서 보존되는 양을 mv(m은 질량, v는 속도)라고 보았음에 반해, 라이프니츠는 운동 과정에서 보존되는 것을 '비스 비바vis viva(생기력)'라고 명명하고 이것이 mv^2(지금의 운동에너지의 두 배)이라고 주장했다. 샤틀레 부인은 독일의 수학자 쾨니히에게 수학을 배울 기회가 있었는데, 이 과정에서 라이프니츠주의 철학자였던 크리스티안 볼프의 책을 읽고 라이프니츠의 형이상학을 접하게 되었으며 이에 매료되었다. 그녀는 역학 문제와 관련해서 데카르트, 뉴턴, 라이프니츠의 주장을 면밀하게 검토하고, 보존되는 양의 문제에 대해서는 라이프니츠가 옳다고 주장했다(우리는 지금 충돌 전후에 운동량과 '비스 비바'가 모두 보존된다는 사실을 알고 있지만, 데카르트와 그의 추종자 중에는 운동량을 벡터 양으로 생각하지 않던 사람들이 있었다. 벡터 양이 아닌 운동량은 보존되지 않는다). 그녀의 전향은 일종의 '변심'으로, 더 나아가 여자들에게 흔한 '변덕'으로 간주되었다.

당시 파리 과학아카데미의 서기였던 장자크 도르투 드 메랑은 1728년에 데카르트주의에 기초한 역학 논문을 집필했다. 이 논문에서 등속운동의 경우에는 mv가 보존되는 양임을 보이고, 속도가 줄어들거나 늘어나는 가속운동을 등속운동으로 환원할 수 있음을 보인 뒤에 결과적으로 모든 운동의 경우에 mv가 보존된다고 주장했다. 그러나 샤틀레 부인에게 정지하고 있는 물체와 등속운동을 하는 물체는 다른 상태에 있는 물체였으며, 힘이 보존되는 등속운동과 힘을 써버리는 감속운동은 본질적으로 다른 운동이었다. 따라서 이를 동일하다고 보고 분석한 메랑의 논문은 '헛소리'를 하는 셈이었다.

《물리학의 기초》에서 라이프니츠의 형이상학을 받아들인 샤틀레 부인은 힘의 분류에서도 라이프니츠의 분류를 따랐다. 라이프니츠는 자신이 모나드monad라고 부른 원초적 힘과 유도된 힘을 분류했는데, 원초적 힘으로부터 파생된 유도된 힘이 바로 mv^2이었다. 또 라이프니츠는 뉴턴의 힘은 죽은 힘이고 자신의 mv^2이야말로 살아 있는 힘,

▶ **그림 6** 〈물리학의 방〉. 과학아카데미의 상상도로, 17세기 말에 세바스티앙 르클레르가 그렸다. 중앙 왼쪽에서 아카데미 회원들이 물리학의 문제에 대해서 토론하고 있다.

즉 생기력이라고 주장했다. 샤틀레 부인은 이러한 구분을 받아들여서 힘이 '실체적인 현상'에 불과하다고 주장했다. 힘은 우리에게 마치 실체처럼 보이지만 사실은 현상에 불과하다는 의미였다. 따라서 힘은 운동의 원인이 될 수 없었다. 이 점이 그녀와 뉴턴주의자들의 큰 차이점이었다. 그녀는 뉴턴의 중력을 스프링 같은 모형을 이용해서 충분히 이해할 수 있음을 보임으로써 자신의 주장을 뒷받침했다.˙

《물리학의 기초》의 마지막 장은 이런 논의를 담고 있었는데, 이 책이 출판되자 메랑은 그녀가 역학에 대한 자신의 최신 논문들을 읽지 않고 성급한 결론을 내렸다고 판단하여 샤틀레 부인에게 오류를 지적하는 편지를 쓰면서, 자신의 논문을 추천했다. 그는 매우 정중한 척했지만, 내심 그녀를 얕보고 있었다. "마담, 나는 당신이 내 논문에 있는 생각들을 내가 당신의 계몽된 생각과 놀라운 이해를 담아두는 존경의 증거로 받아들인다면 무척 기쁘겠습니다. 이러한 생각들은 진리가 베일을 벗고 당신에게 주어졌을 때 당신이 진리를 거부할 수 없게 만들 것입니다." 그러나 샤틀레 부인은 메랑의 연구를 알고 있었으므로 즉각 반박 편지를 보냈다. 메랑이 겸손한 척하면서 오만을 떠는 것을 꼬집어 비판했고, 이미 그의 연구를 알고 있었다는 점을 강조했으며, 그의 주장이 왜 잘못되었는지를 조목조목 지적했다. 이들의 논쟁은 계속되었고, 여기에 데디에르 같은 수학자가 가세했다.(Olalquiaga 2007; Terrall 2004)

이 '비스 비바 논쟁'은 당시 프랑스 과학계의 큰 이야깃거리였다. 논쟁의 와중에 메랑은 샤틀레 부인의 작업이 사실 제3자가 대신 해준 것일지도 모른다는 점을 암시했는데, 당시 많은 프랑스 지식인들이 샤틀레 부인을 '볼테르의 친구'로 알고 있었음을 생각하면 이 제3자는 볼테르일 개연성이 컸다. 실제는 메랑의 생각과 정반대였는데, 뉴턴의 수리 물리학에 대한 볼테르의 논의는 샤틀레 부인의 도움 없이

• Iltis 1977; Hutton 2004b. 그녀는 종종 힘이 실체적 현상이 아니라 실체라고 했다. 이런 혼용 때문에 많은 이들이 그녀가 혼란을 겪고 있다고 생각했다. 그렇지만 당시 뉴턴주의자 중에서도 힘을 실체로 보는 사람과 물체의 속성으로 보는 사람이 있었다. 그녀가 힘을 실체라고 할 때에는 라이프니츠 형이상학의 테두리 내에서의 실체를 의미하는 것이다.

는 생각하기 힘든 것이었기 때문이다.

뉴턴의 충실한 사도로 남아 있던 볼테르에게 샤틀레 부인의 변심은 충격이었으며, 자신이 라이프니츠 과학의 배후로 지목된 것은 참을 수 없는 일이었다. 볼테르는 그녀가 물체의 속성으로서의 힘을 완전히 잘못 이해하고 있다고 판단하고, 메랑에게 편지를 썼다. 놀라운 사실은 그가 이 편지에서 메랑의 입장을 지지한다고 밝히고, 샤틀레 부인을 비난했다는 것이다. "나는 대체 무슨 운명의 장난이 여인으로 하여금 라이프니츠를 더 선호하게 만들었는지 이해가 안 됩니다. 당신은 아마존의 여인들과 싸우는 용감한 헤라클레스입니다. 그리고 나는 당신의 군대에 동참하려는 순진한 지원자입니다." 볼테르는 라이프니츠를 (따라서 샤틀레 부인을) 비판한 내용을 논문으로 집필해 아카데미 회원들에게 보냈고, 이를 평가해줄 것을 요청했다. 볼테르의 논문은 몇몇 회원들에게 높은 평가를 받았고, 그는 이에 만족했다.

1748년에 볼테르에겐 새 애인(볼테르의 조카였던 드니 부인)이 생겼고, 이에 대응해서 샤틀레 부인은 젊은 시인 장 프랑수아 드 생 랑베르를 사귀기 시작했다. 그녀는 새 애인의 아이를 가졌는데, 당시 나이가 마흔세 살이어서 임신 기간 내내 걱정을 했다고 한다. 결국 그녀는 딸을 낳고 6주 후에 산욕열로 사망했다. 볼테르, 생 랑베르, 그리고 그녀의 남편 샤틀레로몽 후작이 그녀의 임종을 지켜보았다. 볼테르는 그녀를 죽음으로 내몰았다고 여겨 생 랑베르에게 욕을 하고 저주를 퍼부었으며, 생 랑베르는 이에 대한 복수로 샤틀레 부인과 볼테르가 주고받은 편지를 태워버렸다.

샤틀레 부인은 임신 중에 《프린키피아》 번역을 거의 완성했는데, 사망 당일에도 자신이 번역하던 원고를 가져다 달라고 요청할 정도였다. 그녀가 사망한 뒤에 볼테르와 클레로는 이를 마무리해서 원고를 출판사에 넘겼다. 볼테르는 이 책에 서문을 썼고, 책은 10년 뒤에 출판되었다. 샤틀레 부인의 《프린키피아》는 지금까지도 뉴턴 《프린키피아》의 유일한 프랑스어 번역본이다.

볼테르는 그녀에 대한 애틋함을 다음과 같이 노래했다.

> 신성한 에밀리*
> 여기 나의 에밀리에 대한 묘사가 있다
> 그녀는 아름답고 나에게 친절하기까지 하다
> 그녀의 열정적인 상상력은 항상 만개해 있다
> 그녀의 고귀한 정신은 모든 방을 밝게 비춘다
> 그녀는 가끔 과하게 드러나기도 하는 매력과 지성을 가지고 있다
> 나는 그녀가 드문 천재라고 확신한다
> 그녀는 호레이스나 뉴턴과 비교될 수 있다
> 그러나, 그녀는 그녀를 지루하게 하는 사람과
> 카드게임 도박꾼과 몇 시간이고 앉아 있을 것이다**

• 샤틀레 부인의 이름.

•• 샤틀레 부인은 명석한 머리를 이용해서 도박을 즐겼다. 돈을 잘 따곤 했지만, 나중에는

볼테르는 샤틀레 부인을 매우 높이 평가했지만, 그녀가 여성으로서 그 정도의 지적 성취를 이뤘다는 것을 이해하기 힘들어했다. 볼테르는 "샤틀레 부인은 위대한 인간man이었는데, 그의 유일한 단점은 여성이었다는 것이다"라고 말했으며, 그녀가 뉴턴을 번역하고 이해한 것이 기적이라고 평가했다. "여성이 간단한 기하학을 아는 것만 해도 놀라운데, 그녀는 뉴턴의 불후의 명작에 담긴 사상을 이해할 정도로 복잡한 수학을 이해했다. 명백하게 샤틀레 부인은 그 위인의 가르침을 이해했다. 여기서 우리는 두 가지 기적을 본다. 하나는 뉴턴이 그 업적(《프린키피아》)을 세웠다는 것이고, 두 번째는 한 여성이 이를 번역하고 설명했다는 것이다." 샤틀레 부인은 이런 평가를 내면화한 경향을 보이기도 했는데, 종종 자신을 "그 남정네들 중 한 명"이라고 불렀다.(Olalquiaga 2007; Terrall 2005)

당시 샤틀레 부인과 친하게 지내던 남성들 중에서도 그녀를 평가절하한 사람들이 있었다. 데팡 후작은 "그녀는 야심에만 머문 사람이 아니라 공주가 되려고 했던 사람이며, 신의 은총이나 왕에 의해서가 아니라 스스로의 행위에 의해 그렇게 되었다"라고 하면서 다음과 같이 냉소적으로 평가했다. "샤틀레 부인이 얼마나 유명했든, 그녀는 찬양을 받지 못하면 만족하지 못했고, 볼테르의 친구가 되었을 때 이를 바랐던 것이다. 그녀는 생의 영예를 그에게 의존하고 있으며, 그녀가 불

왕비가 주선한 도박판에서 큰돈을 잃기도 했다. 이 사건 때문에 볼테르와 샤틀레는 야반도주를 감행했고, 볼테르가 당국에 체포될 위험에 놓이기도 했다.

후의 명성을 남긴 것은 모두 볼테르 덕이었다."* 샤틀레 부인은 이러한 평가를 잘 알고 있었기에, 친구나 애인이라는 입장을 떠나 온전히 자기만을 평가해주기를 진정으로 바랐다. 그녀의 편지는 이러한 희망을 잘 드러내고 있다.

> 나를 나의 장점과 단점으로 평가해주세요. 제발 나를 위대한 장군이나 유명한 학자에 딸린 부속물로 보지 말아주세요. (…) 내 존재, 내가 한 말, 내가 한 행위에 대해 나는 스스로 충만한 개인이며, 나 스스로에게 책임이 있는 유일한 사람입니다.(Illtis 1977)

샤틀레 부인은 여성을 위해 싸운 투사 같은 인물은 아니었다. 볼테르의 명성에 힘입어서 자신의 업적을 인정받고자 노력했고, 상류층 귀족 부인으로서 이용할 수 있는 여러 재원을 사용해 자신의 학문적 업적을 더 널리 알리기 위해 애썼다. 그렇지만 그녀의 관심이 자신의 지적 성취에만 머물렀던 것은 아니다. 자신과 같은 여성이 재능과 지성을 계발하고 발휘할 기회가 막혀 있음을 안타까워하고, 이를 막는 사회적 제도와 관습을 철폐할 것을 주장했다. 그녀는 1730년대 유럽 지식인들 사이에서 화제가 된 네덜란드 작가 베르나르트 맨더빌의 《꿀벌의 우화The Fable of the Bees》를 프랑스어로 번역해 출판했는데,

---

* www.visitvoltaire.com/e_madame_deffand.htm

이 책의 서문에서 여성해방에 대해서 분명한 의견을 피력했다. 이는 지금 우리에게도 큰 울림을 준다.*

과학에서 보편적으로 여성을 배제해야 한다는 편견은 나를 매우 강하게 짓누르고 있습니다. 여성이 국가의 운명을 결정짓는 것을 허락한 위대한 나라들이 있다는 사실은 나를 매우 놀라게 했지만, 우리 여성이 사고할 수 있도록 허락하는 장소는 한 곳도 없습니다. 이것은 우리 시대의 커다란 모순 가운데 하나입니다.

공부하고 지성의 배양을 요구하는 전문직 중에 유일하게 여성의 참여를 허락하는 것은 연극입니다. 그러나 이것은 전문직이라고 하기엔 부적절하다고 공표된 것입니다.

잠시만 생각해보십시오. 어찌하여 여성들은 수 세기 동안 비극, 순수시, 가치 있는 이야기, 아름다운 회화 또는 물리학에 대한 좋은 책을 생산하지 않았을까요? 모든 면에서 남성의 지성과 유사한 지성을 소유하는 피조물들이 왜 넘을 수 없는 힘에 의해서 억제당하는 것처럼 보이는 것일까요? 가능하다면 누구라도 그 이유를 알려주십시오. 나는 이에 대한 물리적인 이유를 자연학자들이 찾을 수 있게 남겨두겠습니다. 하지만 그들이 이유를 발견하기까지, 여성들은 교육에 대해서 분명히 말할 수 있는 권리를 가집니다.

* eee.uci.edu/clients/bjbecker/RevoltingIdeas/emilie.html

고백하건대, 내가 만일 왕이라면 다음과 같이 시도할 것입니다. 나는 인류의 절반을 생략해버리는 이 같은 악습을 바로잡을 것입니다. 나는 여성이 인간의 모든 특권, 특히 정신적인 것들에 참여할 수 있게 할 것입니다.

여성들이 오직 연애하기 위해 태어났다고 말할 수는 없습니다. 왜냐하면 그들의 정신을 사용하는 활동을 다른 분야에서는 할 수 없기 때문입니다. 내가 제안하는 새로운 교육은 모든 인간이 정신을 활용할 수 있게 할 것입니다. 여성들은 잘해낼 것이며, 남성들은 경쟁의 새로운 원천을 얻게 될 것입니다.

우리가 현재 일상 업무들을 처리하는 방식은 여성들의 정신을 향상시키기보다는 너무나 자주 약화시키고 제한합니다. 여성과 남성을 동등한 파트너로 볼 때, 그들의 상호작용은 모든 이의 지식을 확장하는 역할을 할 수 있을 것입니다.

나는 대부분의 여성이 그들의 능력을 모르고 있거나 숨기고 있다고 확신하는데, 나의 모든 경험이 이러한 의견을 확실히 뒷받침하고 있습니다. 나는 운 좋게도 자신들의 모임에 나를 끼워준 남자 학자들을 알 수 있었습니다. 그들이 나에게 높은 대우를 해주는 것에 매우 놀랐고, 그제야 내가 사고하는 피조물이라는 사실을 믿기 시작했습니다.

계몽시대의 위대한 프로젝트《백과전서》

체임버스의《대백과》권두화는 표절?

《백과전서》권두화에 담긴 수많은 상징들

07

이성, 진보와 《백과전서》
이성과 상상력의 이중주

───── 역사상 가장 출간하기 힘들었고 또 가장 큰 영향을 미친 백과사전은 무엇일까? 바로 18세기에 프랑스 계몽사상가들이 편찬한 스물여덟 권짜리 《백과전서 Encyclopédie》이다.

계몽사조 프로젝트

앞 장에서도 언급했지만 계몽사조는 개인의 이성과 자유를 중요하게 생각했으며 기존의 사상적·정치적 권위에 도전했던 광범위한 사상 운동이었다. 계몽사조를 주도했던 계몽철학자들은 과거와는 달리 자신들의 시대가 과학과 철학에 의해 계몽된 시대라고 생각했고, 윤리

▶ **그림 1** 18세기 프랑스 계몽사상가들이 편찬한 《백과전서》. 총 7만 1818개의 항목과 3129개의 도해로 이루어진 방대한 저술이다.

문제에 관심이 많았으며, 사회가 더 나은 방향으로 나아간다는 진보에 대한 신념을 공유했다. 이들은 올바르고 도덕적인 생각이 사람의 행동을 바꾸고, 이렇게 바뀐 행동이 사회를 바꾼다고 믿었다. 이들의 신념이 집약된 프로젝트가 바로 '백과전서'였다.

《백과전서》 스물여덟 권 중 첫 열일곱 권은 텍스트로, 나머지 열한 권은 도판으로 구성되었다. 《백과전서》는 총 7만 1818개의 항목과

3129개의 도해로 이루어진 방대한 저술이었는데, 출판에도 오랜 시간이 걸려서 제1권이 1751년에 출판된 이래 제17권은 1765년에 나왔으며, 도판 부분은 1772년에 완간되었다.《백과전서》에는 달랑베르, 디드로, 돌바하, 조쿠르, 몽테스키외, 루소, 튀르고, 볼테르 등 당시 계몽사조를 이끌었던 많은 지식인이 참여해서, 각자의 전문성을 발휘해 각 항목들을 집필했다. 첫 7권까지의 편집은 디드로와 달랑베르가 공동으로 맡았으며, 제8권부터 제17권까지는 디드로가 단독으로 책임편집을 맡았다. '백과전서encyclopédie'라는 단어는 '모든 지식의 해석'을 의미했는데, 디드로는《백과전서》출판의 목적이 "사람들의 생각을 변화시키는 것"이라고 강조했다.

　서양에서 사전류의 집필과 출간은 로마 시대에 플리니우스가《박물학 사전》을 냈고 중세에도 비슷한 사전들이 출판되었을 정도로 오랜 전통을 가지고 있다. 근대에 들어서도 사전류의 기획은 계속되어, 17세기 말에 프랑스에서는 루이 모레리의《대역사사전》, 코르네유의《기예사전》, 피에르 벨의《역사 및 평론 사전》이 나왔고, 이 사전들은 상당한 인기를 끌어서 18세기에 증보판을 낼 정도였다. 영국에서는 1704년에 런던 왕립학회의 서기인 존 해리스가《기술사전》을 펴냈으며, 1728년 에프라임 체임버스가《기예 및 과학 대백과Cyclopedia or Universal Dictionary of the Arts and Sciences》(이하《대백과》) 2권을 간행했다. 특히 체임버스의《대백과》는 비싼 가격에도 불구하고, 18년 동안 5판을 거듭할 정도로 인기를 끌었는데 과학, 기술, 산업에 대한 항목이 많았다.

▶ **그림 2** 디드로(왼쪽)는 교회와 당국의 탄압에도 불구하고 첫 권이 출판된 지 14년 만인 1765년 열일곱 권의 《백과전서》를 모두 발간한다. 달랑베르(오른쪽)는 디드로와 함께 《백과전서》의 책임편집을 맡았으며 《백과전서》의 철학을 간결하게 표현한 제1권의 머리말을 썼다.

　　체임버스의 《대백과》 권두화는 수많은 과학자들이 넓은 광장에 모여 각종 기구들을 만지면서 토론하는 모습을 묘사한 것이다(그림 3). 라파엘로의 〈아테네 학당〉을 연상시키는 이 권두화는 J. 스터트라는 영국인이 그린 것으로 알려져 있다. 그런데 흥미로운 사실은 이 그림이 17세기 말에 프랑스 화가 세바스티앙 르 클레르가 그린 〈과학과 예술 아카데미〉라는 작품을 베끼다시피 했다는 것이다(그림 4). 르 클레르는 앞 장에서 소개한 〈물리학의 방〉을 그린 사람으로, 과학사가에게는 루이 14세가 파리 아카데미를 방문하는 장면을 그린 그림으로 널리 알려져 있다. 그의 〈과학과 예술 아카데미〉는 과학자와 예술가가 모여서 토론하는 가상의 공간을 묘사한 작품이다.

이 두 그림의 차이점 찾기는 재미있는 퍼즐 맞추기일 것이다. 여러분은 몇 개나 찾았는가. 우선 가장 눈에 띄는 것은 《대백과》의 그림이 세로로 더 길다는 것이다. 르 클레르의 그림은 오른쪽 신전의 지붕이 시작되는 지점에서 끝나지만, 《대백과》의 그림은 지붕을 다 보여주고 있다. 지붕 위에는 흉상들이 죽 늘어서 있는데, 《대백과》의 경우 흉상 밑에 이들의 이름을 적어두었다. 이들은 피타고라스, 에피쿠로스, 플라톤, 데카르트, 뉴턴이다.*

그림의 중앙에는 더 작은 흉상들이 있는데, 이들 역시 이름이 적혀 있어서 누군지 알 수 있다. 즉 갈릴레오, 베이컨, 케플러, 가상디, 호이겐스, 후크, 헤벨리우스, 보일이며, 조금 떨어져서 히포크라테스가 있다. 그리고 뒤쪽으로 멀리 보이는 지붕 위에는 코페르니쿠스, 브라헤, 프톨레마이오스가 있다.

바닥을 봐도 차이를 알 수 있다. 《대백과》 그림을 보면 왼쪽과 오른쪽 구석 바닥에 동전들이 놓여 있고, 여기에 이름이 적혀 있다. 이름을 읽기 힘든 것이 여럿 있지만 왼쪽 동전에는 아르키메데스와 유클리드같이 과학과 철학 분야에서 불멸의 업적을 남긴 고대 선구자들의 얼굴과 이름이 적혀 있으며, 오른쪽 동전에는 홉스, 라이프니츠, 로크, 캠덴 같은 17세기 과학혁명 선구자들의 얼굴과 이름이 새겨져 있

* http://www.she-philosopher.com/gallery/cyclopaedia.html

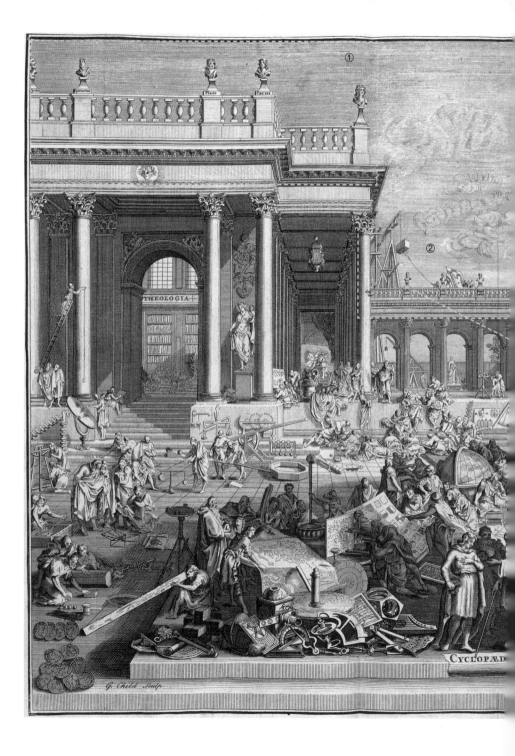

THEOLOGIA

CYCLOPÆD

G. Child Sculp

①

②

▶ **그림 3** 체임버스의 《대백과》 권두화.

《대백과》 권두화의 세부 ①. 왼쪽 흉상부터 피타고라스, 에피쿠로스, 플라톤, 데카르트, 뉴턴.

《대백과》 권두화의 세부 ②. 앞쪽에 갈릴레오, 베이컨, 케플러, 가상디, 호이겐스, 후크, 헤벨리우스, 보일, 히포크라테스의 흉상이 있고, 멀리 보이는 지붕 위 흉상이 코페르니쿠스, 브라헤, 프톨레마이오스이다.

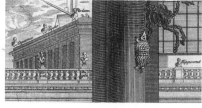

▶ **그림 4** 세바스티앙 르 클레르의 〈과학과 예술 아카데미〉.

다. 그리고 그림 오른쪽을 보면 벽 위에 일곱 개의 메달이 걸려 있고, 여기에도 이름이 새겨져 있다. 이들은 아리스토텔레스, 플라이니, 파라셀수스, 하비, 말피기, 레이, 에블린이다. 흉상, 동전, 메달에 붙인 이름들로 보아 체임버스는 특정 개인을(예를 들어 뉴턴 같은) 부각시키진 않았고, 하나의 학파만을 집중 강조하지도 않았다. 그는 영국인이었지만 뉴턴을 비판했던 호이겐스, 라이프니츠, 후크와 같은 사람들도 '명예의 전당'에 올렸다.

2. 이성과 근대성

체임버스의《대백과》는 각 항목에 대한 지식만이 아니라 풍부한 그림도 제공해서 각 주제를 직관적으로 이해할 수 있게 했다.《대백과》는 여러 쇄를 거듭했고, 이 인기는 프랑스를 자극했다. 프랑스 출판업자인 앙드레프랑수아 르 브르통은 한 영국인에게 체임버스의《대백과》번역을 맡겼다가 실패하고, 이후에도 몇 번의 우여곡절을 겪은 뒤에, 결국 1747년에 당시 서른세 살의 젊은 철학자 디드로와 과학자 달랑베르에게《대백과》의 번역과 총편집책임을 맡겼다. 1748년 들어 많은 학자, 과학자, 문인, 의사, 예술가들이 이 기획에 동참하기 시작했으며, 이 시점에서 르 브르통의 계획은《대백과》의 번역에서 독창적이고 새로운 백과사전의 편집 및 제작으로 바뀌게 되었다. 디드로는 익명으로 출판한 저술이 문제가 되어 1749년에 잠깐 감옥에 갇히기도 했으나, 출옥 후에《백과전서》의 편집에 몰두해서 1751년에 파리에서《백과전서》의 첫 권을 성공적으로 출판했다.

그렇지만 제2권부터《백과전서》의 출간은 순조롭지 않았다. 프랑스 교회 측이 이 책의 무신론적이고 전복적인 성격을 문제 삼았기 때문이다. 1752년에 나온 제2권은 발행과 배포가 정지되었고, 원고마저 압수당할 뻔한 위기를 겪었다. 제3권부터《백과전서》의 출간 사업은 점점 더 은밀하게 진행되었고, 제7권이 나오던 1759년에는 더 노골적으로 탄압을 받아, 이를 견디지 못한 달랑베르가 편집을 그만두고 루소도 집필에서 빠지게 되었다. 이후 출판은 몇 년간 지연되었는데, 이 기간 디드로는 비밀리에 나머지 책들을 준비했고, 1765년에 제8권에서 제17권까지 남은 책을 모두 발간했다.《백과전서》의 본문은

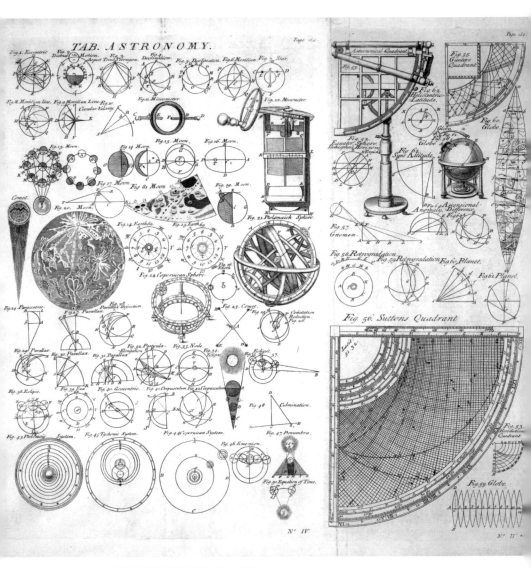

▶ **그림 5** 《대백과》의 '천문학' 항목에 나오는 그림들.

이렇게 14년에 걸쳐서 완간되었다.

디드로는 샹파뉴 지방의 랑그르에서 칼 장수 아버지 밑에서 태어나 예수회 대학에서 교육을 받았다. 그는 1732년 철학 학위를 취득했고, 한때 법을 공부하려 했지만 결국은 작가가 되기로 마음먹고 1745년에 섀프츠베리의 《덕과 선행에 관한 연구》를 번역했다. 그리고 이듬해에는 첫 번째 에세이집인 《철학 팡세》를 저술했다. 이때 자신이 쓰던 원고를 샤틀레 부인에게 보여주었고, 샤틀레 부인은 이 젊은이의 재능을 극찬했다. 그녀는 디드로가 감옥에 갇혔다는 소식을 듣고, 자신의 인맥을 이용해서 그에게 좋은 대우를 해줄 것을 부탁하기도 했다. 나중에 디드로는 《백과전서》를 편집하면서 자신이 쓴 '뉴턴주의' 항목에서 샤틀레 부인을 뉴턴에 대한 일곱 명의 권위 있는 전문가 중한 명으로 소개함으로써 은혜에 보답했다. 디드로는 달랑베르를 알게되어 자신보다 네 살 어린 이 젊은 수학자의 재능을 높이 샀지만, 두 사람의 자연관과 과학관은 달랐다. 《백과전서》를 편집하면서 이들은 서로를 잘 이해하고 협력했지만, 어떤 때에는 견해 차이를 보였다. 달랑베르가 물리학처럼 자연을 탐구하는 과학에서 수학의 중요성을 강조한 반면, 디드로에게 자연과학의 모델은 생물학과 화학이었다.

달랑베르와 지식의 분류

달랑베르는 포병 장교와 작가의 사생아로 태어났고, 친모에 의해 교

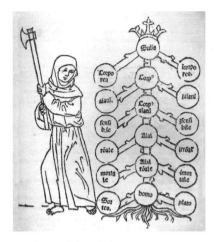

▶ **그림 6** 포르피리오스의 나무.

회에 버려진 뒤에 다른 가정에 입양되었다. 어릴 때부터 학업에 재능을 보여서 열두 살에 마자랭대학교에 입학해 철학, 법학, 예술을 배우고 열여덟 살에 학위를 취득했다. 그는 일찍이 데카르트의 역학과 자연철학을 비판하고, 유체역학과 빛의 굴절을 연구했다. 스물네 살에 선출되기가 하늘의 별 따기만큼이나 어려웠던 파리 과학아카데미의 회원이 되었고, 스물여섯 살에 독창적인 운동 법칙을 서술한《동역학 논고》를 출판했을 정도로 천재성이 번득이던 과학자였다. 그는 철학적 주제에 대해서도 책을 썼으며,《백과전서》의 수많은 항목을 집필했고, 가장 중요한 제1권의 머리말을 썼다.《백과전서》의 철학을 가장 간결하게 표현한 이 머리말Discours préliminaire de l'Encyclopédie은 백과전서의 모든 항목 중에 가장 유명하고 널리 읽혔다.

여기서 달랑베르는 지식의 분류 문제를 다루고 있다. 이는 방대한 내용의《백과전서》를 편집하기 위해서는 시급히 해결해야 하는 실제적인 문제였다. 그뿐만 아니라 기존의 지식이 현재의 세상을 정당화하는 방식으로 분류되었음을 감안하면, 새로운 분류 체계는 새로운 세상을 열어주고 견인하는 역할을 할 수 있었다. 달랑베르는 영국의 사상가이자 과학자였던 프랜시스 베이컨의 체계를 받아들여 발전시켰는데, 이를 이해하기 위해서는 세상의 사물과 지식이 어떻게 분류되어왔는지를 간단히 알아볼 필요가 있다.

세상의 사물에 대한 분류는 그리스의 철학자 포르피리오스(232~302)가 시작했다. 그는《이사고게Isagoge》('아랍 전래본 아리스토텔레스의 범주론 서설')에서 아리스토텔레스의 유genus, 종species, 종차differentia의 개념을 논하면서, 자신의 분류 체계를 제안했다. 아리스토텔레스는 종의 특징을 규정하는 것은 그것들을 포괄하는 유 범주와 개체의 차이를 의미하는 종차라고 설명했는데, 포르피리오스는 이에 대해 논하면서 추상적인 실체에서 인간에 이르기까지 세상의 사물을 분류하는 방식을 제시했다.

그림 6에서 보듯이 포르피리오스는 실체를 물질적 실체와 비물질적 실체로 나누었다. 비물질적 실체는 영혼이고, 물질적 실체인 본체는 살아 있는 본체와 죽은 본체로 나뉜다. 죽은 본체는 광물이며 살아 있는 본체는 생명체인데, 생명체는 다시 감각적인 생명체와 비감각적인 생명체로 나뉜다. 이렇게 계속 나아가 결국 인간과 동물이라는 종에 이르며, 개별 인간은 그 하위 범주가 된다. 그의 분류 체계는

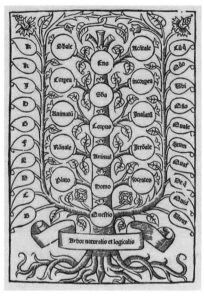

실체라는 하나의 유에서 두 가지 차가 만들어지는 가지치기 형태로 진행되기에 '포르피리오스의 나무'라고 불렸다. 그렇지만 그의 분류 체계에는 엄격한 위계가 있으며, 그림에서 보듯이 나무보다는 사다리에 더 가까워 보이기도 한다. 실제로 사람들은 그의 체계를 '포르피리오스의 사다리'라고 부르기도 했다.*

▶ **그림 7** 룰의 '지식의 나무'.

포르피리오스의 나무는 중세 학자들이 자주 언급하고 논의했다. 그중에는 13세기에 학문의 체계를 독특한 방식으로 나눈 라몬 룰 같은 학자도 있었는데, 룰의 '지식의 나무'는 16세기에 인쇄된 책으로 나오면서 많은 사람들에게 영향을 주었다. 룰의 나무에서 포르피리오스의 나무는 중심의 세 칸을 차지한다. 그리고 오른쪽에 있는 나뭇잎들은 열 가지 질문의 유형

● 다음 웹사이트 참조. https://sites.google.com/site/praxisandtechne/Home/architecture/knowledge/taxonomy/porphyrian-tree-labyrinth-and-rhizome

2. 이성과 근대성

이고, 왼쪽의 나뭇잎들은 답을 생성해내는 원판을 구성하는 열 가지 요소들이다.**

나무의 메타포를 이용한 룰의 분류 체계는 이후에 많은 사람에게 영향을 주었다.《철학의 원리》에서 데카르트는 자신이 철학이라고 정의한 학문이 과거의 형이상학과는 다른 학문임을 강조하기 위해 나무의 은유를 사용했다. 나무에서 가장 중요한 부분이 줄기이듯이, 학문에서도 이 줄기에 해당하는 가장 중요한 학문이 철학(자연학physics)이었다. 여기에서 도덕학, 의학, 기계학 등이 나왔는데, 이 세 분야가 나무의 가지에 해당하는 것이었다. 형이상학은 뿌리에 해당했다. 형이상학이 가장 중요하다는 의미가 아니라, 형이상학은 철학(자연학)의 굳건한 기초가 된다는 의미였다.《방법서설》에 등장하는 데카르트의 철학은 자연학에 기반한 형이상학이 아니라, 형이상학에 뿌리를 둔 자연학이었다. 반면에 20세기 포스트모더니즘 철학의 사상적 기초를 제공한 하이데거는 데카르트가 자연학(철학)과 이로부터 파생한 개별 과학을 학문의 정수로 간주하면서, 그 뿌리인 형이상학, 즉 존재에 대한 성찰의 중요성을 간과하게 되었다고 주장했다. 하이데거에 의하면

** Llull 2003; Sowa 1999; Walker 1996. 룰은 열여섯 가지의 나무를 얘기하기도 했다. 우주의 생성과 관련된 가장 기본적인 나무, 식물성 나무, 감각성 나무, 기본적이거나 식물성이거나 감각적인 존재가 우리에게 주는 정신적인 인상에 대한 상상의 나무, 영혼과 육체를 가진 인간의 나무, 도덕의 나무, 정치와 연관되어 있는 제국의 나무, 교회의 역사와 연관된 사도의 나무, 천상계의 나무, 천사의 나무, 영원의 나무, 물질의 나무, 예수 그리스도의 나무, 신성의 나무, 사례들의 나무, 그리고 질문의 나무이다.

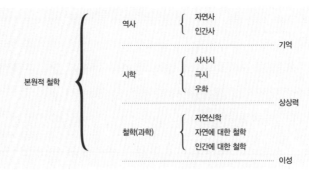

<table>
<tr><td rowspan="2">본원적 철학</td><td>역사</td><td>자연사
인간사</td></tr>
</table>

본원적 철학
- 역사
  - 자연사
  - 인간사
  - ·· 기억
- 시학
  - 서사시
  - 극시
  - 우화
  - ·· 상상력
- 철학(과학)
  - 자연신학
  - 자연에 대한 철학
  - 인간에 대한 철학
  - ·· 이성

▶ **표 1** 베이컨의 학문 분류.

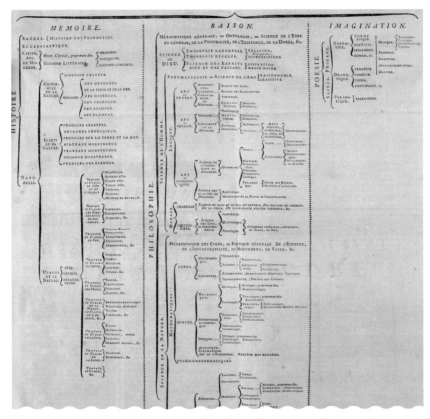

▶ **그림 8** 달랑베르는 베이컨의 분류를 토대로 《백과전서》의 지식을 분류했다. 인간의 지적 능력을 기억, 이성, 상상력의 세 부문으로 나누고, 모든 학문을 이들 항목에 할당하여 구분했다.

학문이라는 나무는 형이상학이라는 뿌리가 있어야 할 뿐만 아니라 뿌리가 깃들인 토양도 필요했는데, 이 토양이 바로 존재에 대한 경험이었던 것이다.

데카르트와는 조금 다른 의미에서 영국의 경험론 철학자 프랜시스 베이컨도 지식을 분류하는 데 나무의 은유를 사용했다. 그는 1605년에 출판된《학문의 진보》에서 학문이 한 점에서 시작해서 갈라져 나가는 직선과 같은 형태가 아니라, 가지가 갈라져 나가기 전에 하나의 줄기를 통해서 굳건하게 통합되어 있는 나무와 비슷하다고 했다. 그러면서 그는 개별 학문을 발전시키기 전에 이 줄기를 단단히 세우는 것이 중요하다고 강조했다. 그에게 이 줄기는 '본원적 철학primitive philosophy'을 의미했다. 이 본원적 철학의 줄기에서 세 가지 중심 가지가 뻗어나가는데, 이는 인간의 세 가지 지적 능력, 즉 기억, 상상력, 이성에 해당되는 역사, 시학, 철학(과학)이었다. 그는 역사를 자연사와 인간사로, 시학을 서사시, 극시, 우화로, 철학을 자연신학, 자연에 대한 철학, 인간에 대한 철학으로 나누었다. 이 개별 영역은 다시 세부적인 분야로 나뉘었다. 베이컨의 이런 분류는 계몽사상가들의《백과전서》는 물론 19세기 도서관의 분류에도 큰 영향을 미쳤다.(Kusukawa 1996)

앞서 언급했지만 달랑베르는《백과전서》제1권 머리말에서 베이컨의 분류 체계를 확장해서 기존의 모든 학문을 분류했다. 그림 8은 달랑베르의 분류 체계이다.

달랑베르의 분류에서 기억의 영역에 속하는 학문은 역사였는데, 베이컨이 그랬듯이 역사는 전쟁사나 정치사 같은 인간사와, 생물학의 많은 영역이 포함되는 자연사로 구분되었다. 이성은 가장 복잡한 지식 체계를 낳는 중요한 정신 능력이었다. 여기에는 지금 우리가 철학과 과학이라 부르는 지식의 대부분이 속해 있었고, 논리학도 포함되었다. 신학(그가 신에 대한 과학이라 부른 영역)도 이성 항목에 귀속되었는데, 이는 신학이 과학보다 높은 위치에서 독자적인 영역을 차지했던 당시 교회의 지식 분류 체계와 확연하게 다른 점이었다. 이런 분류에는 인간 이성을 신뢰하고 종교에 비판적이었던 계몽철학자들의 의도가 담겨 있었다. 가톨릭의 영향력이 막강했던 당시 프랑스 사회에서는 매우 놀라운 생각이었지만, 사실은 150년 전에 베이컨이 이미 얘기한 것이었다. 이성이 강조되었던 반면 상상력에 속하는 학문 분야는 많지 않았다. 가장 중요한 영역은 시학이었고, 음악, 미술, 조각 같은 예술도 여기에 포함되었다. 도표에서 단순히 비교해봐도 이성의 영역은 상상력의 영역에 비해 여섯 배나 컸고, 역사 영역도 상상력의 영역보다 몇 배는 더 컸다.

《백과전서》 권두화의 숨은 의미

《백과전서》 제1권을 펼치면 비유와 상징으로 가득한 권두화가 있다(그림 9). 이 권두화는 철학, 역사, 시학이라는 학문의 3분법에 의거해서 그려졌는데, 전체적으로 보면 그림의 중앙이 철학, 오른쪽이 역사,

왼쪽이 시학을 상징한다. 이 그림의 배경이 되는 신전은 이오니아 '진리의 신전'이다. 위쪽 중앙에 베일로 얼굴을 감춘 뮤즈(여성)가 진리를 상징하는데, 진리에서 뿜어져 나오는 빛이 어두운 구름을 쫓아내고 있음을 볼 수 있다.

독자가 볼 때 진리의 바로 뒤편에서 손을 뻗어 베일을 벗기려고 하는 뮤즈가 이성이며 그 오른쪽 밑에서 베일을 낚아채려고 손을 내밀고 있는 뮤즈가 철학(과학)이다(당시에는 철학과 과학의 경계가 지금처럼 분명하지 않았다. 여기에서 '철학'이라는 학문은 대부분 과학을 의미한다). 이성 밑에서 진리의 빛에 눈이 부신 듯 손으로 얼굴을 가리며 무릎을 꿇고 앉아 있는 뮤즈는 신학이다. 신학은 진리의 빛을 받고 있지만, 이성이나 철학과 달리 진리에 가까이 접근하지 못하고 있다. 과거에는 학문의 여왕이었던 신학이 이성과 철학에 밀려서 얼굴을 가리고 있는 상황인 것이다.

그러나 그림 전체를 조금 더 세밀하게 보면 그림은 3등분되어 있다기보다는 2등분되어 있다. 진리의 오른편이 기억에 해당하는 역사인데 역사는 3분의 1 정도의 자리를 차지하고 있다기보다는 한쪽 구석에 거의 숨어 있다. 철학 바로 옆에 있는 뮤즈가 기억이고, 그 옆이 '고대사와 현대사'이다. 무엇인가 기록하는 뮤즈는 역사이며, 그 아래 웅크리고 있는 존재가 시간이다. 달랑베르의 원래 분류에서는 역사가 매우 자세히 나뉘어 있고 교회사와 관련된 항목들이 많았으며, 특히 역사의 대부분은 자연사와 관련된 것이었다. 하지만 이 그림에서는 이런 부분들이 거의 드러나 있지 않다.

▶ **그림 9** 《백과전서》 제1권의 권두화. 그림 하단에 모여 있는 군중을 제외하고는, 그림에 나오는 인물들 대부분이 여성의 모습을 한 뮤즈이다.

▶ **그림 10** 《백과전서》 제1권 권두화 세부. 베일을 쓴 여신이 진리의 뮤즈다. 뒤에서 베일을 벗기려고 하는 여성이 이성의 뮤즈이고, 오른쪽에서 베일을 낚아채려고 손을 내밀고 있는 여성이 철학(과학)의 뮤즈다. 왼쪽에는 진리의 빛에 눈이 부신 듯 손으로 얼굴을 가린 신학의 뮤즈가 있다.

▶ **그림 11** 《백과전서》 권두화의 오른쪽 부분. 왼쪽 위가 기억의 뮤즈, 오른쪽이 고대사와 현대사의 뮤즈, 제일 아래 뭔가를 기록하고 있는 뮤즈가 역사이며, 그 밑에 웅크리고 있는 뮤즈가 시간이다.

▶ **그림 12** 《백과전서》 권두화의 왼쪽 부분. 화환을 들고 진리에 접근하는 뮤즈가 상상력이다. 그 아래 시학을 상징하는 네 뮤즈와 음악, 미술, 조각, 건축을 상징하는 뮤즈가 있다.

▶ **그림 13** 프랑수아 르무안의 〈시간은 진리를 드러낸다(혹은 시간은 진리를 구원한다)〉, 1737. 여기에서 진리는 아무런 옷가지도 걸치지 않은 여인으로 형상화되어 있다.

반면에 상상력은 달랑베르의 원래 구도에서보다 훨씬 더 강조되어 있다. 그림의 왼편, 즉 독자가 볼 때 진리의 왼쪽에서 화환을 들고 진리에 접근하는 뮤즈가 상상력이다. 상상력의 뮤즈는 머리에 작은 날개를 달고 있다. 다시 그 아래에는 시학에 속하는 서사시, 극시, 풍자시, 전원시를 상징하는 뮤즈들이 있고, 다시 그 아래에는 음악, 미술, 조각, 건축이 자리 잡고 있다. 달랑베르와 디드로는 상상력을 폄하하지는 않았지만, 지식을 나눈 구도를 볼 때 이성은 지혜를, 상상력은 쾌락을, 그리고 기억은 사실을 의미해서, 상상력은 진리와 지혜를 추구하는 이성에 비해서 부차적인 존재였다.

그렇지만 그림에서는 조금 다르다. 상상력의 세계는 그림 왼편의 대부분을 차지하고 있으며, 이성의 영역과 맞닿아 있다. 미술은 광학과 닿아 있고, 건축은 천문학과 손이 맞닿아 있다. 그리고 이성을 다시 보면 이성의 몸 대부분은 신학에 의해서 가려져 있으며, 신학보다도 우리 눈에 덜 들어온다. 또 다른 주목할 만한 점은 진리인데, 당대에 그려진 다른 그림에서는 진리가 주로 실오라기 하나 걸치지 않은 여인의 모습으로 형상화되었지만(진리는 감출 것이 없기 때문에),《백과전서》의 권두화에서는 진리의 베일이 벗겨지는 순간 화환이 온몸을 감싸기 때문에 진리는 한순간도 나체가 되지 않는다.

역사학자 셰리프는《백과전서》의 권두화를 그린 화가 샤를니콜라코생이 여기에 자신의 철학을 담았기 때문에 이런 차이가 생겼다고주장한다.* 즉 이 권두화는 한눈에 보기에는 달랑베르와 디드로의 철학을 충실히 반영한 것 같지만, 자세히 보면 서문에 등장하는 바와는사뭇 다른 철학을 담고 있다는 것이다. 달랑베르가 이성은 지혜를 가져다주고, 상상력은 쾌락을 가져다준다고 생각하면서 이 둘을 확연히 구분했음에 반해, 코생의 그림은 이 둘을 구분하는 것이 거의 의미가 없음을 역설하고 있다. 비슷한 시기에 또 다른 계몽사상가 콩디악

---

* Sheriff 2005. 코생은 밑그림(1764)을 그렸고, 보나방튀르 루이 프레보가 1772년 목판에 새겼다. 코생의 밑그림은 1765년의 루브르 전시에서 처음 공개되었고, 프레보의 도판은 1772년에 도해본와 함께 출판된《백과전서》전질에 최초로 수록되었다. 이 그림을 그릴 때코생은 디드로와《백과전서》의 기본 정신에 대해 얘기를 주고받은 것으로 보인다.

▶ **그림 14** 샤를 니콜라 코생·오귀스탱 드 생 오방의 〈진리만이 아름답다〉, 1770.

은 진리를 아름답게 하기 위해서는 반드시 상상력으로 치장해야 한다면서, 상상력과 진리의 관계는 보석과 아름다운 여인의 관계와 같다고 했는데, 코생의 그림은 이런 철학을 담고 있다고 할 수 있다. 그가 오귀스탱 드 생오방과 협력해서 그린 〈진리만이 아름답다〉(1770)라는 그림을 봐도 진리가 잔뜩 치장하고 있음을 알 수 있다. 영국의 시인 키츠(1795~1821)는 "아름다움이 진리이고 진리가 아름다움이다Beauty is truth; truth, beauty"라고 표현했다. 코생의 그림은 진리를 밝히는 (이성의) 작업과 진리를 치장하는 (상상력의) 작업을 구분하는 것이 무의미하다는 사실을 보여준다.

이제 이성과 철학에 해당하는 부분을 보자. 철학의 아래쪽으로 그룹을 이루고 있는 세 뮤즈는 각각 기하학, 천문학, 물리학을 상징한다. 기하학의 뮤즈는 피타고라스 정리가 증명된 양피지를 들고 있으며, 머리에 별이 그려진 천문학의 뮤즈는 손에 천문 관측 기구를 들고 있

▶ **그림 15** 양피지를 들고 있는 기하학의 뮤즈, 머리에 별이 그려진 천문학의 뮤즈, 새가 들어 있는 진공펌프에 손을 얹은 물리학의 뮤즈.

▶ **그림 16** 현미경을 들고 있는 광학의 뮤즈, 선인장 화분을 들고 있는 식물학의 뮤즈, 노와 증류기를 들고 있는 화학의 뮤즈, 농기구 위에 앉아 있는 농학의 뮤즈가 보인다.

▶ **그림 17** 개별 과학들 아래 몰려 있는 군중들은 기예와 기술을 상징한다.

▶ **그림 18** 조지프 라이트의 〈진공펌프 속의 새에 대한 실험〉, 1768. 유리구 속에 새가 들어 있고, 여인이 이 광경을 볼 수 없다는 듯 고개를 돌리고 있다.

고, 물리학의 뮤즈는 진공펌프를 만지고 있다. 자세히 보면 진공펌프 속에는 새 같은 동물이 들어 있는데, 새를 넣고 공기를 빼내면서 새의 죽음을 관찰하던 것은 당시 진공펌프를 이용한 가장 대중적인 실험 중 하나였다(그림 18의 영국 화가 조지프 라이트의 〈진공펌프 속의 새에 대한 실험〉도 펌프 속에 새를 넣고 실험하는 광경을 묘사한 것이다).

그 밑으로 광학, 식물학, 화학, 농학이 자리 잡고 있다. 광학의 뮤즈는 현미경을, 식물학의 뮤즈는 선인장 화분을, 화학의 뮤즈는 당시 화학자들이 사용하던 노爐, furnace와 증류기를 들고 있으며, 농학의 뮤즈는 농기구 위에 앉아 있다.

이런 개별 과학들 아래에 몰려 있는 군중들은 다양한 기예와 기술을 상징한다. 계몽사상가들이 이전의 철학자들에 비해서는 기술을 높이 평가했지만, 이 그림에서 이들이 아직도 기술이 과학보다 낮은 자리에 있으며 과학으로부터 유도되는 것이라고 생각했음을 알 수 있다. 이 군중들은 여성의 모습을 한 뮤즈들과 달리 남성의 모습을 하고 있다.

전체적으로 보았을 때, 《백과전서》의 표지 그림은 왜 이 책의 부제가 '과학, 예술, 기술에 관한 체계적인 사전'인지를 잘 보여준다. 또 이 그림에는 여러 학문 분야들의 미묘한 위계도 드러나고 있다. 예를 들어 과학의 경우를 보면 이성의 빛으로부터 추상적인 물리학, 수학, 천문학이 발달하고, 이를 근거로 보다 실용적인 광학, 화학, 생물학, 농학이 발전하며, 다시 이것을 통해 실제 생활에 도움이 되는 기술이 향상된다고 생각했음을 알 수 있다. 마지막으로 그림의 전체적인 형상은, 수많은 사람들의 협력에 기초해서 궁극적으로 진리가 밝혀지고, 인류는 이렇게 하나의 진리를 밝히고 또 다른 진리를 향해 나아간다는 '진보'에 대한 믿음을 강하게 표출하고 있다. 당시 계몽철학자들은 과학과 기술의 진보에 힘입어 사회도 진보하기 때문에, 봉건적인 당시 프랑스 사회도 결국 진보할 수밖에 없을 것이라고 믿었고, 이러한 믿음을 《백과전서》의 각 항목에서 강하게 드러냈다. 권두화는 이성(코생은 여기에 상상력을 더했지만)에 대한 높은 평가, 신학에 대한 비판, 진보에 대한 믿음을 상징과 비유로 담아냈다.

20세기 들어 계몽사조에 대한 비판이 거세지면서 학문을 나무에 비유해 설명하던 《백과전서》 학파의 시도도 비판을 받기 시작했다. 사람들은 학문이 잔가지를 계속 만드는 식으로 발전하는 것이 아니며, 학문과 학문이 결합해서 새로운 학문이 생기는 이종교배가 발전의 핵심 요소라고 강조했다. 이런 이종교배는 가지와 가지가 만나서 새로운 가지를 만드는 형태가 되어야 하는데, 나무에서는 이런 현상을 찾아보기 힘들다는 것이다. 10장에서도 보겠지만, 이런 생각은 기술의 진화와 심지어 생명의 진화에서도 새롭게 발견된 현상이었다. 혹자는 이를 두고 매트릭스 같다, 네트와 같다고 했는데(Hayes 2004), 철학자 들뢰즈와 가타리는 이런 모습을 '리좀Rhizome'이라는 뿌리식물과 흡사하다고 주장했다. 실제로 리좀을 직접 본 사람은 거의 없지만 리좀은 나무를 대체하면서 세상의 복잡한 상호연관과 역동적인 잡종화를 상징하는 단어로 자리 잡기 시작했다. 나무와는 달리 우리 눈으로 거의 볼 수 없지만, 바로 그런 리좀의 특성이 포스트모던 시대 사람들의 상상력과 감수성을 자극했던 것이다.(Deleuze and Guattari 1987)

▶ **그림 19** 《백과전서》의 '지식의 나무'(1780). 계몽주의자들은 흔히 학문을 가지를 뻗어나가는 나무에 비유했다.

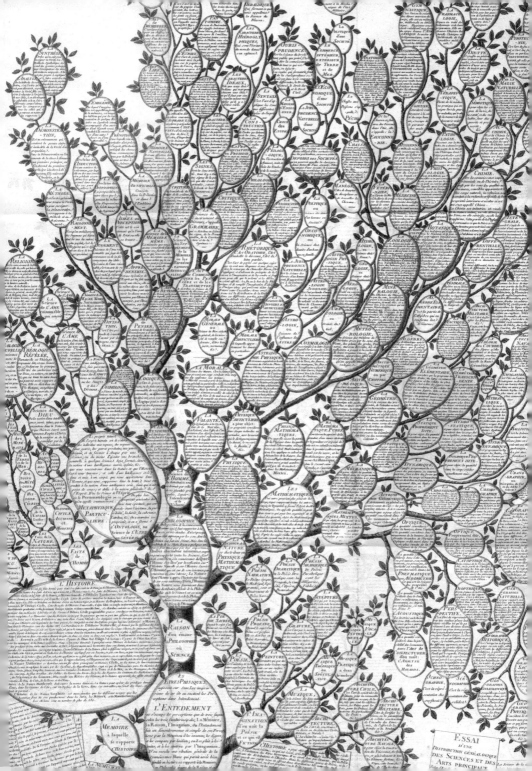

라부아지에 실험실 그림에는 이상한 부분이 있다?

라부아지에 부부의 초상화에 담긴 코드

그 많던 실험실 조수들은 다 어디로 갔을까?

08

실험실에서 지워진 존재
라부아지에 부인과
라부아지에의 조수들

18세기 후반에 화학 발전을 주도했던 프랑스 화학자 라부아지에의 실험실을 그린 그림 1에서 살짝 이상한 부분을 찾을 수 있겠는가? 눈썰미가 좋은 독자는 금방 찾을 수 있겠지만, 대부분의 독자에게는 실험의 순간을 포착한 그림으로만 보일 것이다.

화학혁명과 라부아지에 부부

18세기 화학 실험에서 이야기를 풀어나가 보자. 화학의 역사에서 18세기 말엽은 '화학혁명'의 시기라고 불린다. 역사학자 버터필드는 《근대 과학의 기원, 1300~1800》이란 책에서 18세기 화학혁명을 설

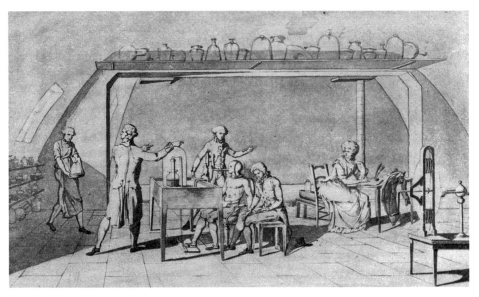

▶ **그림 1** 산소를 가지고 실험하는 라부아지에(라부아지에 부인 그림).

명하면서 이를 '지연된 혁명'이라고 불렀다.(Butterfield 1976) 물리학, 수학, 천문학, 생리학 등은 모두 17세기에 고대의 유산이 붕괴하고 근대 과학으로 옮아가는 혁명을 경험했지만, 유독 화학만은 이보다 100년이 늦은 18세기 후반에야 근대 화학으로의 혁명적 이행을 경험했다는 의미였다. 18세기 내내 화학은 슈탈과 같은 화학자들이 제창한 플로지스톤phlogiston 이론을 바탕으로 삼았는데, 이에 따르면 물질이 연소하거나 하소煆燒할 때 물질에서는 플로지스톤이라는 가상의 입자가 빠져나와서 공기 중으로 흡수된다. 물질이 탈 때는 플로지스톤이 빠져나오기 때문에 물체가 더 가벼운 재로 변한다는 것이다. 그런데 실험이 점점 더 정교해지면서, 화학자들은 금속이 탈 때 금속재가 원래 금속보다 더 무거워진다는 사실을 알게 되었고, 이를 플로지스톤 이론으로는 설명하기 어렵다고 생각하기 시작했다. 이에 대해서 플로지스톤 이론가들은 플로지스톤이 음陰의 질량을 가지고 있다고 설명하기도 했다.

앙투안 라부아지에는 1743년 라부아지에 가문의 장남으로 파리에서 태어났다. 아버지는 의회 법률고문이었고, 어머니는 여섯 살 때 사망했다. 그는 마자랭대학교에서 화학, 식물학, 천문학, 수학 등의 과목을 수학했고, 가문의 전통에 따라 1764년에 법학학사 학위를 취득하기도 했다. 그는 화학에 특히 관심이 많았고, 왕실 식물원에서 루엘의 화학 수업을 듣기도 했다. 라부아지에는 프랑스 과학아카데미의 실험물리 분야에 지원했다가 떨어지고, 이듬해인 1768년에 화학 분야의 일원이 되었다. 이 무렵에 세금징수조합에서 세무 관리자로 일했는데, 이로 인해 프랑스혁명이 발발한 뒤에 단두대에서 목숨을 잃었다. 라부아지에는 1775년에 정부의 화약국장이 되었고, 1785년에는 프랑스 과학아카데미의 이사가 되었다. 그는 1784년에 독일 의사 메스머의 자력을 이용한 치료 요법이 과학적 근거가 없다고 주장해서, 자기 치료를 둘러싼 논쟁에 휘말리기도 했다.

당시 화학계에서 플로지스톤에 대한 논란이 계속되는 가운데 라부아지에는 물질이 타면 플로지스톤이 빠져나오는 것이 아니고, 연소란 물질이 산소와 결합하는 것이라는 새로운 이론을 제창했다. 간단히 말해 라부아지에는 공기를 구성하는 원소 중에 산소라는 새로운 원소가 있음을 밝혀냈고, 이를 통해 물질의 연소를 설명했던 것이다. 그는 산의 원리도 산소를 이용해 설명했으며, 물질의 결합으로 새로운 물질이 탄생하는 화학반응을 수학 방정식 형태로 기술하기도 했다. 그는 화합물을 표시하는 근대적인 명명법을 제창했고, 이를 바탕으로 《화학 명명법Méthode de momenclature chimique》(1787)을 집필했다. 곧이어 라부아지에는 자신이 발견한 산소를 중심으로 근대 화학의 체계를 잘 정리해서 《화학의 요소들Traité Élémentaire de chimie》(1789)을 출판했는데, 이 책은 곧 근대 화학의 기초를 놓은 고전으로 평가되기 시작했다.

라부아지에의 죽음과 관련해서는 여러 일화가 있다. 1789년에 프랑스혁명이 일어나고 급진적인 자코뱅당이 권력을 잡은 이후에 구체제에서 세금 공무원으로 일했던 라부아지에의 전력이 문제가 되었다. 그는 반혁명분자로 낙인찍혀 법정에서 재판을 받으면서 연구를 위해 남은 생을 살 수 있게 해달라고 요청했다고 한다. 그러나 혁명 재판정의 판사는 이 요청을 거절하면서 "우리 공화국은 과학자도, 화학자도 필요하지 않다. 정의는 연기될 수 없다"라고 딱 잘라 말했다고 한다. 그가 죽은 뒤에 당시 유명한 물리학자 라그랑주는 "그의 머리를 베어버리는 데는 순간으로 족하지만, 그와 같은 머리를 다시 만들려면 100년도 더 걸릴 것이다"라고 한탄했다고 한다.

그림 2는 20세기 초엽에 영국 화가 어니스트 보드가 웰컴 트러스트 재단의 요청을 받아 그린 라부아지에의 초상이다. 웰컴 트러스트 재단은 당시 유명한 과학자들을 그림으로 남기려고 노력했다. 그림을

보면 라부아지에가 원고가 펼쳐진 책상 앞에 앉아 무언가 쓰는 도중에 고개를 돌린 자세를 취하고 있다. 옆에서 라부아지에 부인이 남편을 바라보고 있는데, 그림의 구도는 마치 라부아지에가 그녀에게 무엇인가 설명하는 것처럼 보인다. 두 사람의 시선만 보아도 라부아지에는 아내를 똑바로 바라보고 있지만, 아내는 다소곳이 고개를 숙이고 남

▶ **그림 2** 어니스트 보드의 〈라부아지에의 초상〉, 20세기 초.

편의 말을 경청하고 있음을 알 수 있다. 책상과 발아래에는 실험 기구들이 놓여 있다.

보드의 그림은 단순한 상상의 결과물이 아니라 자크 루이 다비드가 그린 라부아지에 부부의 초상화를 모티프로 한 것이었다(그림 3). 다비드는 나폴레옹의 대관식을 그렸던 프랑스의 유명한 화가이다. 두 그림을 비교해보면 등장인물이 똑같고 구도와 배경도 비슷하다. 흥미

▶ **그림 3** 자크 루이 다비드의 〈18세기 프랑스 과학자 라부아지에와 그의 아내 라부아지에 부인〉, 1788.

로운 점은 라부아지에 부인의 비중이 달라졌다는 것이다. 보드의 그림에서와는 달리 다비드의 그림에서 부인은 중앙에서 관찰자인 우리를 똑바로 바라보고 있다. 오히려 무언가를 집필 중인 라부아지에가 부인을 바라보는 시선이 그녀에게 도움을 요청하는 게 아닐까 하는 느낌을 준다. 라부아지에의 얼굴에는 아내의 그림자가 드리워져 있다. 다비드의 의도를 정확하게 파악할 수는 없지만 보드의 그림에 비해 라부아지에 부인이 상당히 중요한 위치를 차지하고 있다는 점은 부인하기 힘들다.

라부아지에 부인 마리 앤 라부아지에(결혼 전 이름은 마리 앤 피에레테 폴즈)는 1758년 프랑스의 지방 소도시에서 태어났다. 라부아지에가 1743년에 태어났으니 둘의 나이 차는 15년이나 된다. 그녀의 아버지 자크 폴즈는 세금 징수원, 변호사, 프랑스 동인도회사의 감독을 지냈다. 그녀는 라부아지에의 동료들에게 과학을 배웠고, 영어를 잘해서 당시 영국 과학자 리처드 커윈의 《플로지스톤과 산의 구성》이라는 책을 번역해 플로지스톤 이론을 프랑스에 소개했다. 라부아지에는 영국 쪽의 이론을 비판적 주석이 달린 부인의 번역본을 통해 접했기 때문에, 자연히 플로지스톤 이론을 비판적으로 바라보게 되었다는 평가도 있다. 그녀는 또 당시 유명한 화가였던 다비드에게 그림을 배웠으며, 이러한 경험으로 나중에 실험 기구나 실험 과정을 정확하게 그릴 수 있었다. 그녀가 그린 실험 기구들은 너무나 정교해서 지금도 독자를 놀라게 한다. 프랑스혁명 한 해 전에 다비드가 이 부부의 초상화를 그린 데는 이런 인연이 있었다.

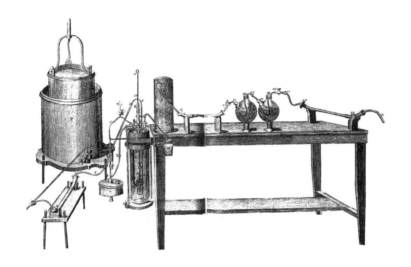

▶ **그림 4** 《화학의 요소들》에 나오는 라부아지에 부인이 그린 실험 기구들.

　　라부아지에 부인은 과학 연구와 실험에 깊은 관심을 가졌고, 라부아지에의 실험 모습과 실험 기구를 그리는 방식으로 남편을 도와주었다. 그렇지만 당시에 재능 있는 여성들이 그러했듯이, 고등교육을 받지 못한 그녀는 결국 남편을 보조하는 역할에 머물렀다. 한 세대 이전의 샤틀레 부인과 마찬가지로 아마도 라부아지에 부인이 고등교육을 받았다면 유명한 학자가 되었을 것이다.* 아버지와 남편이 같은 날 단

　•　라부아지에 부인에 대해서는 아직 좋은 연구가 없다. 이글과 슬로언은 라부아지에가 '근대 화학의 아버지'라고 불리는 것에 빗대어 라부아지에 부인을 '근대 화학의 어머니'라고

두대의 이슬로 사라진 뒤, 그
녀는 남편의 작업을 정리해서
《화학 논고Mémoires de Chimie》
를 출판하고 여기에 서문을 쓰
기도 했다(이 서문은 최종 출판
본에는 포함되지 않았다). 나중에
물리학자 벤저민 톰슨(후에 럼
포드 경이 된 사람)과 재혼했지
만, 그녀는 라부아지에라는 성
을 계속 사용했다. 그녀의 재혼
생활은 행복하지 않았고 오래
가지도 못했다.

다시 다비드가 그린 초상
화를 보자. 그림에서 라부아
지에는 어떤 책의 원고를 쓰
고 있는 것으로 보이는데, 이
것은 초상화를 그린 다음 해인
1789년에 출판된 《화학의 요
소들》이다. 이 책은 출판되자

▶ **그림 5** 〈18세기 프랑스 과학자 라부아지에와
그의 아내 라부아지에 부인〉의 그림 세부. 위의
그림은 에어로미터와 기체 콜렉터, 아래 그림은
개소미터와 기체 흡수 기구이다.

평가하고, 라부아지에의 많은 작업이 부인과의 협동 연구였다고 주장하지만 설득력은 떨어
진다.(Eagle and Sloan 1998) 좀 더 객관적인 평가로는 Hoffmann 2002를 참조.

▶ **그림 6** 작자 미상, 〈라부아지에의 기억을 위한 오마주〉, 1807. 라부아지에의 얼굴이 새겨진 메달에 미네르바가 별로 만든 왕관을 씌워주고 있다. 미네르바가 들고 있는 저울은 정의를 상징할 뿐 아니라 라부아지에의 화학을 의미한다.

마자 획기적이고 '혁명적인' 책으로 평가되었다. 라부아지에 부인의 뒤로 화집이 보이는데, 이는 라부아지에 부인이 실험 기구를 그렸음을 암시한다. 이 그림에서 주목할 만한 것은 라부아지에의 책상과 바닥에 놓여 있는 실험 기구들이다(그림 5). 바닥에는 두 개의 기구가 등장하는데, 맨 구석에 있는 기구는 고대 이래 사용되었던 '에어로미터 aerometer'로 액체의 비중을 잴 때 사용되었다. 이를 가리고 있는 둥근 유리 기구는 다양한 기체를 모아서 무게를 재는 데 쓰는 기체 콜렉터이다. 기체를 발생시켜서 무게를 재는 실험들은 궁극적으로 라부아지에가 산소를 발견하는 성취로 이어졌다.

책상 위에는 두 개의 실험 기구와 액체를 담아 둔 통이 있다. 첫 번째 기구는 수은을 사용해서 기체를 발생시키는 '개소미터gasometer'이다. 라부아지에가 기체를 이용한 실험에서 자신이 발견한 것이 프리스틀리의 주장과 달리 '플로지스톤이 빠진 공기'가 아니라 산소라는 새로운 원소임을 밝히는 데 핵심 역할을 한 기구이다. 어떤 의미에서는 화학혁명을 낳은 기구라고도 할 수 있다. 그 옆 수은 접시에 거꾸로 세워놓은 것 같은 기구는 당시 이탈리아 과학자 폰타나가 발명한, 기체를 흡수하는 기구일 가능성이 크다. 이렇게 보았을 때 라부아지에 발아래 있는 기구는 상대적으로 오래된 기구이고, 책상 위에 놓인 기구들은 그가 핵심적으로 사용했고 만들어진 지 얼마 안 된 기구이다. 에어로미터를 시점으로 본다면 이 기구들은 시계 방향으로 연도순으로 배열되었다고 볼 수 있다.(Beretta 2001) 특히 '개소미터'는 라부아지에 연구 프로그램의 핵심 기구였다고 볼 수 있는데 〈라부아지에의 기억을 위한 오마주〉(1807)에도 등장한다. 여기에서는 저울을 들고 있는 미네르바의 오른쪽 뒤로 보이는 기구가 개소미터이다.

다비드의 그림에서 한 가지 흥미로운 점은 라부아지에가 책상 밖으로 오른발을 길게 내뻗고 있다는 것이다. 20세기 초에 그려진 보드의 초상화에서 라부아지에는 편안한 자세로 의자에 앉아 있다. 왜 다비드는 한쪽 발을 길게 뻗은 라부아지에를 그렸을까? 과학사가 마르코 베레타는 다비드가 17세기에 그려진 데카르트의 초상화에서 아이디

▶ **그림 7** 요하네스 탕헤나가 그린 데카르트의 초상.

어를 얻었을 것이라고 추론한다.(Beretta 2001) 당시에 라부아지에가 데카르트나 뉴턴같이 100~150년 전에 과학혁명을 완성했던 과학자들과 비교되곤 했기 때문에, 다비드가 데카르트의 초상화에서 영감을 얻었을 개연성이 있다.

요하네스 탕헤나가 그린 초상화(그림 7)에서 집필 중인 데카르트는 오른발을 길게 뻗어서 책을 한 권 밟고 있는데, 바로 아리스토텔레스의 책이다. 데카르트의 철학이 아리스토텔레스 철학을 폐기처분했다는 것을 의미한다. 흥미로운 대조점은 라부아지에의 발밑에도 오래된 실험 도구들이 놓여 있지만, 라부아지에가 이것을 밟고 있지는 않다는 것이다. 고대부터 사용되던 에어로미터는 라부아지에가 활동하던 시대에도 사용되고 있었다. 다면체에 대한 논의에서 본 뒤러의 〈멜랑콜리아 I〉에는 천칭 저울이 등장하는데, 이것은 뒤러가 살

왔던 16세기에 연금술사들이 널리 사용하던 기구였다. 그런데 이 저울은 몇백 년이 지난 뒤에도 라부아지에의 화학혁명에서 핵심 기구로 기능했다. 과거의 과학 이론은 새로운 이론이 등장하면 쓸모가 없어지지만, 기구는 계속 사용되는 경우가 많다. 이론이 급격하게 바뀌는 경우에도 과학의 연속성이 존재하는 이유가 여기에 있다.(Galison 1988)

그 많던 실험실 조수들은 다 어디로 갔을까

과학자가 주인공인 그림이나 사진에는 과학자들이 주로 실험 기구와 함께 등장한다. 다비드의 그림에서도 만약에 기구가 없었다면 이 초상화를 처음 보는 사람들은 라부아지에가 과학자인지 작가인지 구분하기 힘들었을 것이다. 그림에 등장하는 기구는 라부아지에에게 과학자라는 정체성을 부여하는 조연 역할을 한다. 그림 8은 18세기 말에 파리 과학아카데미에서 사용한 기구로, 실험용 렌즈로 물체를 태우기 위한 용도였다. 이 장치를 이용하면 물체를 태울 때 직접 열을 가하지 않고 렌즈로 태양 빛을 모아 필요한 열을 제공함으로써 외부 물질의 개입이 최소화된 조건에서 물체의 연소를 관찰할 수 있었다. 라부아지에는 1772년에 다이아몬드를 병 속에 넣어 밀봉한 후 이 렌즈를 이용해 태워서 이산화탄소를 얻어냈고, 이로써 다이아몬드가 흑연과 마찬가지로 탄소만으로 이루어져 있다는 사실을 입증했다.

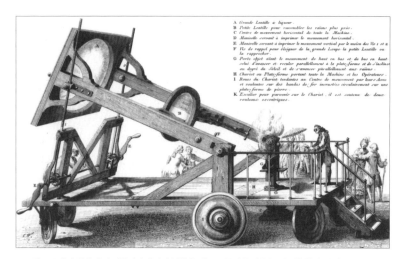

▶ **그림 8** 18세기 말에 파리 과학아카데미가 실험용 렌즈로 물체를 태우는 데 사용했던 장치.

▶ **그림 9** 복원되어 과학박물관에 전시된 라부아지에의 실험 기구들.

파리 과학아카데미는 당시 프랑스 국왕의 넉넉한 후원을 받는 엘리트 단체였다.

실험 기구들은 라부아지에의 실험에서 핵심 역할을 했다. 라부아지에는 천칭 저울을 사용해서 화학반응 전후의 무게를 재곤 했는데, 이 저울은 그의 연구 프로그램을 관통하는 핵심 실험 기기였다. 모든 화학반응에서 반응 전후의 무게가 같아야 하고, 모든 계산 과정에서 방정식의 좌변과 우변이 같아야 하며, 합리적인 세계에서는 변화의 와중에서 무언가 균형을 잡아주어야 한다고 생각했다. 이는 당시 계몽주의 사상의 핵심이기도 했다.(Wise 1993)

그림 9는 현대적으로 복원해 프랑스 과학박물관에 전시하고 있는 라부아지에의 실험 기구들이다. 그중 맨 왼쪽 뒤편에 있는 저울 모양의 기구는 칼로리미터calorimeter로 라부아지에가 물리학자 라플라스와 협동 연구를 하면서 직접 만든 기구이다. 라부아지에는 열이 칼로릭caloric이라는 입자를 통해 만들어진다고 생각했다. 즉 물체 속에 칼로릭이 들어가면 열이 발생하고 칼로릭이 빠져나갈 때 열이 식는다고 생각한 것이다. 칼로릭은 무게가 없어서 직접 무게를 잴 수는 없지만 칼로리미터를 이용하여 그 양을 계산할 수 있었다. 방법은 기구에 얼음을 넣고 칼로릭이 들어가서(즉 이를 데워서) 얼음이 물로 녹았을 때 만들어진 물의 양을 재어, 물로 변한 양에 비례하여 칼로릭 입자가 들어갔다고 생각한 것이다. 일종의 저울의 원리를 이용한 것이다. 사실 이 기구는 칼로릭의 양을 재는 기구가 아니라 열의 양을 재는 기구였다. 라부아지에는 이 기구에 칼로리미터라고 이름을 붙이고 이것이

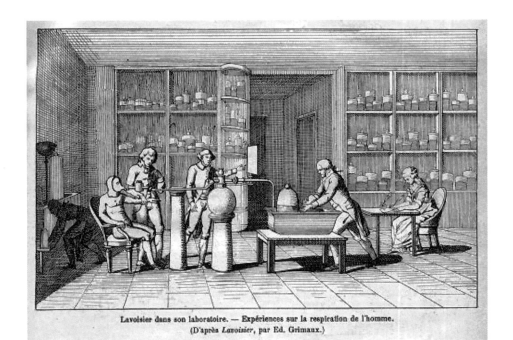

Lavoisier dans son laboratoire. — Expériences sur la respiration de l'homme.
(D'après *Lavoisier*, par Ed. Grimaux.)

▶ **그림 10** 라부아지에의 산소 실험 모습.

칼로릭의 양을 잰다고 믿었으며 그 결과 칼로릭의 실재를 더더욱 확
신하게 되었다.(Roberts 1991) 라부아지에는 칼로릭 입자의 존재를 확
신했고, 자신의 기구를 통해 칼로릭의 양을 정확하게 측정했다고 믿
었지만, 이후 과학이 발전하면서 열이 칼로릭이라는 입자가 아니라
물체를 구성하는 원자나 분자의 운동으로 발생한다는 사실이 밝혀졌
다. 아이러니하게도 실험을 통해 이를 처음 밝힌 사람은 라부아지에
부인의 두 번째 남편인 벤저민 톰슨이었다.

라부아지에의 핵심 업적은 산소를 규명하고 그 성질을 밝힌 것인데 이는 근대 화학 프로그램을 낳은 '효자'였다. 그림 10은 라부아지에의 산소 실험을 보여주는데, 이 역시 라부아지에 부인이 그린 것이다. 물질이 탈 때 작용하는 공기의 일부인 산소가 사람의 호흡에도 작용한다는 것을 보이려는 실험의 한 장면이다. 고무 마스크를 쓴 채 의자에 앉아 있는 실험 대상자는 라부아지에의 친구인 세갱이고, 가운데에서 실험을 설명하고 있는 이가 바로 라부아지에이다. 오른쪽에 앉아 실험 과정을 그리고 있는 이가 라부아지에 부인인데, 재미있는 점은 그녀가 그림을 그리는 자신을 등장시켰다는 것이다. 여성이 실험실에 등장한 첫 번째 그림이다. 그림의 오른쪽에 있는 기구는 정전기를 발생시켜 전기를 모으는 초기 발전기이다. 이 기계에 대한 라부아지에 부인의 묘사가 너무나 정교해서 어느 과학사가는 그림을 토대로 당시 발전기를 재현해서 제작했을 정도였다.(Bretta 2001)

앞의 그림 1로 돌아가 특별히 눈에 띄는 점을 찾아보자. 그림을 자세히 관찰한 독자라면 특이한 부분을 발견했을 것이다. 왼편에서 실험을 위해 무언가를 들고 걸어 나오는 사람이 있는 공간이 특별한 이유도 없이 어둡게 칠해졌다는 점이다. 이 어두운 공간에 있는 사람은 신분이 높은 과학자가 아니라 조수이다. 앞서 설명했듯이 라부아지에 부인은 산소 실험을 하는 그림(그림 10)을 한 장 더 그렸다. 실험 모습을 묘사한 두 그림에서 라부아지에와 동료들은 비슷한 실험을 하고 있는 듯한데, 배경을 자세히 보면 실험실이 다르다는 것을 알 수 있

▶ **그림 11** 1660년대 게리케의 실험실 광경.

다. 여기에서는 세갱이 왼편 끝에 앉아 있고, 그의 왼쪽 뒤편으로 몸을 구부린 사람이 있는데, 그 주위도 어둡게 칠해져 있다. 두 그림에서 모두 조수가 속한 공간이 어둡게 묘사되어 있는 것이다. 이는 우연이라고 보기 힘들다.

어두운 공간에서 뭔가를 하는 사람은 오늘날로 말하자면 실험실의 조수, 혹은 테크니션technician이다. 젠틀맨 신분에 해당하는 사람들은 모두 그림에서 분명히 윤곽이 드러나는 반면, 테크니션은 실험에 많은 도움을 주었음에도 불구하고 그림에서조차 불분명한 형태로 묘사되었던 것이다. 과학 실험을 도와주고 개입하지만 실험의 결과 보고서나 논문에는 드러나지 않는 테크니션들에 대한 사례는 라부아지에가 활동하던 시절 이전에도 쉽게 찾아볼 수 있다. 앞에서 보았듯이 브라헤에게는 많은 조수가 있었지만, 그는 자신의 저작 어디에서도 이 조수들의 이름을 언급하지 않았다. 로버트 보일은 두 명의

2. 이성과 근대성

조수 이름을 언급했는데, 그들은 나중에 왕립학회의 큐레이터가 된 로버트 후크와 공기 엔진의 발명자라고 평가되는 프랑스인 드니 파팽이었다. 사실 보일에게도 많은 조수가 있었기 때문에 이 둘만의 이름을 언급한 것은 정당하지 못하다고 볼 수도 있지만, 당시의 관행으로 보면 놀라울 정도로 조수들의 공을 공식 인정한 셈이었다.

17세기에 오토 폰 게리케라는 학자는 처음으로 진공 펌프를 만들고 유명한 실험을 많이 수행했다. 두 개의 유리종이 맞물려 있는 공간의 공기를 빼내서 진공 상태로 만들면 열 마리의 말로도 유리종을 분리하지 못하는 것을 보여준 실험이 대표적이다. 당시에 진공 상태를 만들기 위해서 두 사람이 계속 밸브를 돌려가며 공기를 조금씩 빼는 방법을 사용했기 때문에 진공 관련 실험에서는 밸브를 돌리는 조수의 역할이 상당히 중요했다. 그러나 게리케가 학자들을 불러서 진공을 시연할 때 진공 펌프를 돌리는 조수들은 그림 11 같이 시연장 아래에서 활동해야 했기에 관객들에게는 보이지 않는 존재였다.(Shapin 1989)

이 그림에서는 또 다른 의미의 보이지 않는 존재로서 조수를 확인할 수 있다. 밸브를 돌리는 조수들의 얼굴 부분은 대충 처리되어 있다. 한 명은 아예 뒷모습만 보이고 왼쪽 조수는 고개를 숙인 각도로 묘사되어 얼굴이 거의 보이지 않는다. 조수들이 관객이 볼 수 없는 공간에서 활동했다는 것뿐만 아니라 당시의 실험을 설명하는 그림에서조차 얼굴이 드러나 있지 않다는 점은 그들이 이중의 의미에서 숨겨진 존재였음을 보여준다. 이는 당시 유럽의 귀족들이 거느린 하인들

▶ **그림 12** 메이저 발명가 타우니스와 고든의 사진. 언론 보도용 편집본(위)에는 원본 사진(아래) 속 왕 박사의 모습이 잘려나갔다.

이나 마술사의 조수에 대한 처우와도 유사하다. 하인들은 귀족 하나 하나에 대응되어 귀족과 똑같은 이름으로 불렸으며 귀족의 저택 지하에서 생활했다. 귀족들의 만찬 뒤에는 하인들의 보이지 않는 노고가 있었다. 마찬가지로 무대 위에서 멋진 퍼포먼스로 주목받는 마술사 뒤에는 무대의 지하에서 기구를 돌리는 조수들의 존재가 중요했다. 이렇게 조수들이 숨은 존재였다는 것을 인식함으로써 인간의 다른 활동과 과학의 공통점을 알 수 있다.

이런 현상은 과거의 과학만이 아니라 오늘날의 과학에서도 마찬가지로 발견된다. 찰스 타우니스와 제임스 고든은 레이저를 만든 미국의 물리 과학자로 유명하다. 타우니스는 레이저 발명으로 노벨상을 받았고, 고든은 레이저의 발견에서 우선권을 빼앗겼지만 법정 소송으로 이를 되찾아 큰 부자가 되었다. 레이저의 발명을 둘러싼 우선권 논쟁에 휘말리기 전에 이들은 각각 지도 교수와 박사과정 학생이었고 공동으로 레이저의 전신인 메이저maser를 발명했다. 그림 12는 메이저를 발명한 직후 타우니스와 고든이 함께 찍은 사진이다. 위쪽은 언론 보도용으로 편집된 사진이고 아래쪽은 원본 사진이다.

신문에 실린 사진에는 두 명의 과학자만 보이지만 잘리지 않은 원본에는 또 한 사람, T. C. 왕이라는 중국인 기술자가 있다. 그는 메이저의 발명 과정에서 타우니스, 고든과 공동 연구를 수행했다고 해도 좋을 만큼 중요한 역할을 한 엔지니어였다. 원본의 사진에서 왕 박사는 두 과학자에 비해 구석에 있고 간신히 얼굴을 알아볼 수 있는 정도이지만 시선은 우리를 향하고 있다. 백인 과학자들이 메이저를 손

▶ **그림 13** 파리에 있는 라부아지에의 동상. 이 동상은 미국의 화학자 구스타부스 힌리치스가 모금해서 1900년에 세워졌다. 당시 조각가는 아카데미에 보관되어 있던 콩도르세의 흉상을 라부아지에로 오인해서 콩도르세의 얼굴을 동상에 새겨 넣었다. 이 동상은 제2차 세계대전 중에 파괴되었다.

으로 잡고 있는 데 반해, 그는 뒤쪽 계기판을 조작하고 있는 것으로 보인다.(Forman 1992) 메이저를 기념하는 사진의 배경에 왕 박사가 등장하는 것으로 보아 그가 메이저를 개발하는 데 상당히 중요한 역할을 했으리라는 사실을 짐작할 수 있다. 그럼에도 불구하고 그의 존재는 사진에서 사라지고, 그럼으로써 역사를 가르치는 사람도 주목하지 않는 존재가 되었다. 이렇게 중요한 역할을 한 조수나 연구원들이 역사에서 지워지면서 유명한 과학자가 더 유명해지고 모든 업적을 그들이 독차지하는 결과가 나타난다.

초기 과학사회학자 로버트 머튼은 유명한 사람과 그렇지 못한 사람의 차이가 벌어지는 현상을 '마태 효과'라고 불렀다. 마태 효과는 성서의 〈마태복음〉에 나오는 "있는 자는 받을 것이요 없는 자는 그 있는

▶ **그림 14** 라부아지에 동상에 조각된 부조. 라부아지에와 라부아지에 부인, 테크니션이 조각되어 있다.

것까지도 빼앗기리라"라는 구절에서 유래한 말이다.* 아마 외국 과학자들에 대한 그림과 사진들에서 이런 식으로 사라진 한국의 과학자들도 있을지 모른다. 이들의 얼굴을 복원하는 것은 과학의 역사에서 주변부에 있는 이들의 목소리와 중요성을 드러내고, 이들의 역할에 대한 감수성을 키우는 첫걸음을 내딛는 것이다. 과학의 역사를 볼 때 눈에 보이는 것만이 아니라 감춰진, 이름 없이 사라져간 사람들의 목소

* 마태 효과에 대한 최근 논의에 대해서는 Stevens 2006 참조.

리, 역할에 주목할 필요가 있다. 실제로 과학 활동은 이렇게 보이지 않는 사람들에 의해서 계속되고 있기 때문이다.(Iliffe 2008; Barley and Bechky 1994)

따라서 화학혁명의 역사를 공부하거나 가르칠 때, 라부아지에에게만 초점을 맞추는 것은 불공평하다. 그는 도구의 도움을 받았거니와 아내와 테크니션들의 도움도 크게 받았다. 그림 13은 19세기 파리에 세워진 라부아지에의 조상인데 라부아지에가 홀로 화학의 미래를 가늠하는 것 같은 자세로 하늘을 가리키고 있다. 이 조상은 화학의 혁명이 라부아지에를 중심으로 이루어졌음을 웅변하고 있다.

그러나 조상의 하단에 부조가 새겨져 있는데, 여기에는 라부아지에와 라부아지에 부인 그리고 테크니션이 조각되어 있다(그림 14). 라부아지에가 실험을 하고 부인은 그 모습을 그리고 테크니션이 작업을 도와주고 있다. 과학이 유명한 과학자 한 사람에 의해서 발전했다고 기술하는 작업보다, 과학의 발전에서 나름의 역할을 했지만 지워지고 숨겨진 사람들을 기억하고 그 목소리들을 복원하는 작업이 더 많이 이루어져야 할 것이다.

3

이미지의 생명력과
현대 과학

뇌 속에 살고 있는 작은 인간

마음과 육체는 무엇으로 연결될까?

뇌는 구획된 방이 아니라 네트워크다

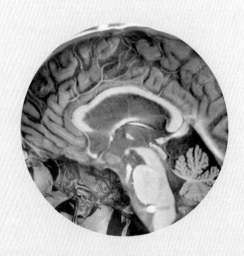

09

'생각의 방', 뇌의 이미지들

보이지 않는 뇌에서는 무슨 일이 일어나는가

고대부터 오늘날에 이르기까지 인간의 뇌는 과학자와 예술가의 상상력을 자극했다. 서양에서는 플라톤 이후에 뇌가 영혼이 깃들 뿐 아니라 지각과 이성의 기능을 담당하는 기관으로 인식되었다. 적어도 중세 이후에는 뇌에 대한 다양한 해부도와 뇌의 구조와 기능을 연결한 이미지들이 만들어졌고, 이 중 일부는 지금도 남아 있다. 20세기 들어 두개골로 둘러싸인 뇌를 찍는 양전자단층촬영(PET), 기능성자기공명영상(fMRI) 같은 기술이 발명되어, 거의 실시간으로 뇌의 기능과 작동을 보여주는 사진들을 찍을 수 있게 되었다. 이러한 그림과 사진들은 뇌에 대한 전문가와 일반인들의 심상을 형성하고 있다.

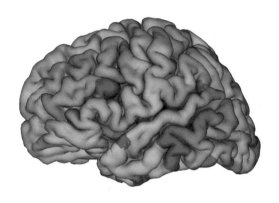

▶ **그림 1** 열정적인 사랑을 할 때 활성화되는 뇌 부위. 붉은색으로 표시된 부분이다.

뇌 구조와 뇌 속의 작은 인간

그림 1은 사랑을 할 때 활성화되는 뇌 부위 이미지로, 많은 독자를 자랑하는 과학 잡지 〈사이언티픽 아메리칸〉에 실린 것이다.(Fischetti 2011) 이런 이미지는 특정한 사고가 뇌의 특정 부위와 관련이 있다는 생각을 반영한다. 이런 생각은 뇌를 과학적으로 연구할 수 있게 된 20세기에 처음 나타난 것이 아니라, 중세 이후 현대에 이르기까지 서양의 과학에서 자주 발견된다.(Clark and Dewhurst 1996)

　과학자들이 제시한 뇌의 이런 이미지는 대중들의 생각에도 영향을 미쳤다. '뇌' 하면 떠올리는 대중의 이미지는 인간의 특정한 생각이 그 비중에 비례해서 뇌 공간을 차지하고 있다는 것이다. 한때 인터넷

블로그나 카페 게시판에는 인기 드라마 〈시크릿 가든〉(2011)의 주인공 뇌구조나 혈액형별 뇌구조 이미지들이 떠돌아다니면서 유머의 좋은 소재로 활용되었다.

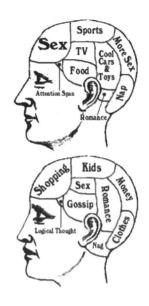

▶ **그림 2** 남자의 뇌(위)와 여자의 뇌(아래). 우리 문화의 고정관념이 반영되어 있다.

뇌구조를 통해서 생각을 비교할 때 사용되는 단골 소재는 단연 남자와 여자이다. 남자와 여자가 생각하고 느끼는 것이 다르다는 점을 강조한 이런 이미지에서, 남자의 뇌 공간은 섹스가 많은 영역을 차지하고 다른 사람의 얘기에 주목하는 능력은 아주 작은 영역을 차지한다. 반면, 여자의 뇌 공간은 쇼핑이나 로맨스, 소문 등이 많은 영역을 차지하는 대신 논리적 사고력 등은 작은 영역을 차지한다는 사실을 알 수 있다. 물론 이런 이미지는 남-녀의 차이에 대한 세간의 편견을 그대로 보여주는 것이다. 그런데 남-녀의 차이를 보여주는 뇌 이미지는 서양은 물론 동양에서도 많이 만들어져 유포되는데, 문화권을 막론하고 남-녀의 전형적인 뇌 이미지는 흡사하다.

인간의 특정한 생각과 행동의 원천이 뇌 전체에 골고루 퍼져 있는 게 아니라 뇌의 국소적인 부위에 집중되어 있으며, 뇌는 이러한 모듈

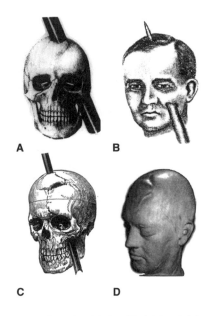

module들을 합쳐놓은 것과 같다는 생각은 여러 계기와 연구를 통해 발전해 왔다. 특히 19세기 중엽에 일어났던 한 사건과 그로부터 100여 년이 지난 20세기 중엽에 실행된 한 과학자의 연구는 이런 생각을 확립하는 데 큰 역할을 했다. 1848년, 미국의 철도 노동자 피니어스 게이지Phineas Gage (1823~1860)는 다이너마이트를 준비하다가 오폭

▶ **그림 3** 파이프에 두상이 관통당한 피니어스 게이지.

사고로 주변에 있던 파이프가 얼굴을 관통하는 엄청난 사고를 당했다. 즉사했을 것이라는 사람들의 예상과 달리 파이프를 빼고도 게이지는 멀쩡히 살아 있었으며, 병원에 가서도 간단한 출혈 치료만 받고 나올 수 있었다. 그런데 사고 이후 몇 년간 게이지는 서서히 난폭해지고 사회성이 결여되는 등 이전과는 매우 다른 모습을 보였다. 게이지는 사건 후 10년이 지나도록 이전의 성격을 찾지 못한 채 결국 생을 마감했다. 이 사례를 통해서 뇌가 상당히 손상돼도 생명을 유지할 수 있다는 점과 뇌의 손상된 부위가 개인의 특정한 성격의 발현(혹은 억

　　　　　　　　　　　　　　　3. 이미지의 생명력과 현대 과학

제)과 연결되어 있다는 것을 알 수 있었다. 게이지는 왼쪽 전두엽 부분이 손상된 결과 억제 기능이 감소해서 성격장애를 보인 것으로 추정된다.(Macmillan 2000; Damasio et al. 1994)

이후 뇌 손상 환자에 대한 연구를 통해 뇌 전체는 하나일지라도 뇌의 각 부위마다 담당하는 역할이 다르다는 사실이 조금씩 드러났다. 초기 연구를 통해 전두엽이 기억과 통제 등을 담당하고, 후두엽에는 주로 시각을 담당하는 신경이 모여 있음을 알게 되었다. 이러한 연구의 정점은 1930년대 미국의 신경과 의사 윌러 펜필드(1891~1976)의 연구였다. 그는 뇌가 절개된 환자를 대상으로 한 오랜 실험을 통해서 뇌의 중심부에 위치하는 일차운동피질primary motor cortex과 일차체감각피질primary somatosensory cortex을 바늘로 찔렀을 때 자극받는 신체 부위를 피질의 각 부위와 대응시킨 그림을 그렸다. 그림 4의 A는 일차체감각피질에 대응하는 신체 부위이며, B는 일차운동피질에 대응하는 신체 부위이다. 이 그림에서도 잘 알 수 있지만, 띠 모양을 한 두 뇌의 두 피질 영역에 인간의 모든 신체 부위가 대응되었다. 이렇게 대응시켜 형상화한 인간에게는 '피질 소인小人, cortical homunculus'이라는 이름이 붙었다.(Penfield·Rasmussen 1950)

펜필드의 소인은 실제 인간의 모습과는 다른 기묘한 신체 비례를 보여준다. 얼굴의 다른 부위에 비해서 입과 입술이 기형적으로 크며, 손이 특이하게 거대하다. 이것을 바탕으로 펜필드의 '피질 소인'을 3차원 영상으로 재구성한 것이 그림 5이다. 뇌의 특정 부위와 신체의 특정 부위를 대응시키는 연구 결과를 보여주는 펜필드의 그림은 보통

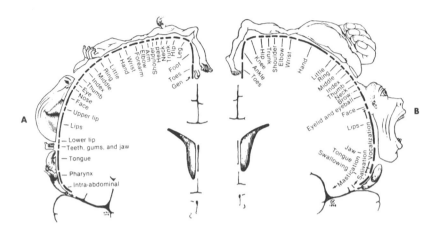

▶ **그림 4** 펜필드 소인의 뇌. 뇌와 신체의 특정 부위를 대응시켰다.

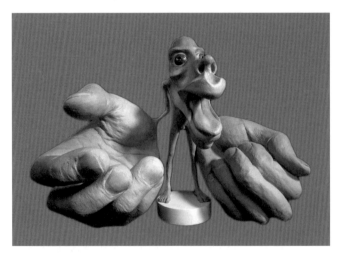

▶ **그림 5** 펜필드 '피질 소인'의 3차원 형상.

인간의 뇌가 자신을 인식한 이미지로 해석되는데, 뇌 속에 이런 기묘한 모양을 한 인간이 하나 들어 있다고 해석할 수도 있을 것이다.

뇌 속에 작은 인간이 들어 있다고 생각하면 편리한 점이 있다. 대체 뇌의 내부가 어떻게 생겼고, 그 미세구조인 뇌신경이 어떻게 연결되어 있기에, 뇌가 인간의 생각, 감정, 행동의 원천이 될 수 있는가? 이 질문에 대한 한 가지 손쉬운 대답은 뇌 속에 생각하고 느끼고 행동하는 작은 인간(들)이 있어서, 우리가 특정한 인식과 행동을 하도록 조정한다고 보는 것이다. 물론 이는 과학적인 설명과는 거리가 멀다. 뇌가 어떻게 인간의 인식과 행동을 결정하는지를, 그런 인식과 행동을 하는 소인小人을 도입해서 설명하기 때문에, 실제로는 아무것도 설명하지 못한 것이다. 그렇지만 뇌가 어떻게 해서 세상을 인식할 뿐 아니라 성찰적인 자의식까지 만들어낼 수 있는지 타당한 설명을 제시할 수 없기 때문에, 소인을 도입한 설명이 (과학적인 설득력은 없을지라도) 적어도 대중적인 설득력을 지닐 수는 있다.

그림 6은 독일 화가이자 일러스트레이터인 프리츠 칸의 작품 〈인간의 삶〉인데, 사람이 열쇠를 보고 '열쇠Schlussel'라고 말하기까지의 과정에서 무슨 일이 일어나는지를 흥미롭게 보여준다. 사람이 열쇠를 보면 열쇠의 이미지가 망막에 맺혀서 뇌신경을 통해 전달되어 뇌에서 필름으로 현상된다(1~2의 과정). 이후 이 필름은 후두엽에 있는 시각 담당 모듈로 전달되는데, 여기에서 후두엽에 기거하는 소인이(3의 과정) 전달된 이미지에 맞는 이미지를 기억된 영상들을 훑어가면서 찾는다(4의 과정). 이 두 이미지가 일치하면, 이 중 '열쇠'라는 단어가 발

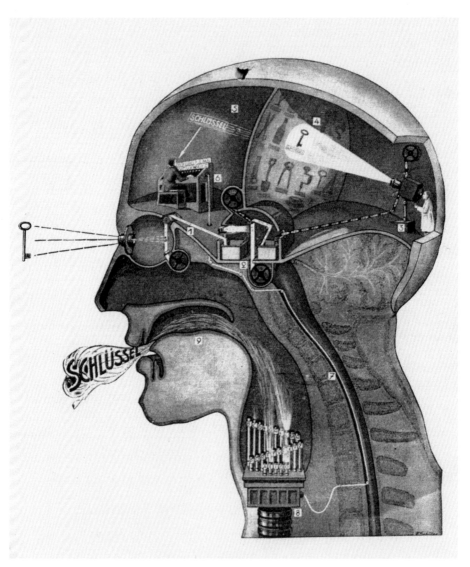

▶ **그림 6** 프리츠 칸의 〈인간의 삶〉, 1926. 열쇠를 보고 입 밖으로 소리를 내기까지의 과정이 흥미롭게 묘사되어 있다.

음을 담당하는 뇌로 이전된다. 여기에 있는 소인은 피아노를 쳐서 '열쇠'를 표현하는데(5의 과정), 이 정보는 신경을 타고 기도로 넘어가서 (6~7의 과정), 기도에 있는 파이프 오르간을 작동시켜 '열쇠'를 발음하게 한다. 이 그림은 뇌가 부분적으로 서로 다른 일을 한다는 것과, 뇌속의 방에는 각각 핵심적이고 복잡한 기능을 하는 무엇(또 다른 인간)이 존재한다는 생각을 잘 보여주고 있다.

뇌가 인간의 행동과 생각을 통제하는 과정에 대한 조금 더 기계적인 분석은 17세기 과학혁명기의 합리주의 철학자 데카르트에게서 찾을 수 있다. 잘 알려져 있듯이, 데카르트는 우주에 물질과 정신이라는 두 가지 실체가 존재하며, 자연 세계는 운동하는 물질로만 구성되어 있다고 주장했다. 정신은 인간의 이성과 의지를 관장하는 실체였다. 그런데 물질의 특성은 공간을 점유할 수 있는 연장extension임에 반해, 정신은 이런 특성이 없고, 따라서 '정신이 어디어디에 존재한다'라는 표현은 어불성설이다. 그럼에도 불구하고 물질과 정신은 어떤 형태로든 접점, 혹은 인터페이스를 가져야 했다. 뇌를 포함한 인간의 몸은 전적으로 물질로 이루어져 있는데, 이성과 의지의 작동은 정신이 관장하기 때문이다. 예를 들어, 내가 의지를 가지고 손을 들어 올리는 것은 정신의 명령과 육체의 기계적 운동이 합쳐진 결과이다. 공간적으로 존재하지 않는 정신과 공간을 점유하는 물질인 육체가 어떻게 만날 수 있을까?

데카르트는 1664년에 출판된 《인간론》에서 뇌를 매개로 하여 마음과 육체를 연결하려는 자신의 구도를 상세히 보여주었다. 뇌 전체가

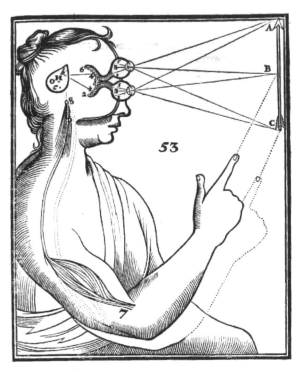

▶ **그림 7** 자유의지를 작동시켜서 B를 가리켰던 손가락을 C로 내리는 과정. 머리 중앙에 있는 솔방울 모양의 조직이 마음과 육체의 접점인 송과선이다.

아니라 뇌의 일부로서 한가운데 위치한 송과선pineal gland이라는 조직을 정신과 물질의 인터페이스로 상정하고, 손가락을 이동시키는 예시를 통해서 마음이 육체를 움직이는 과정을 설명했다. 송과선은 심장에서 만들어져 모인 동물의 정기가 몸의 각 기관으로 다시 분출되게 하는 분수와도 같은 조직이었다. 그림 7에서 보듯이, 자유의지에 의해

3. 이미지의 생명력과 현대 과학

서 화살의 B를 가리키던 손가락이 C를 가리킬 수 있는 것은 마음이 육체를 직접 움직였기 때문이 아니다. 마음이 송과선에 변화를 주었기 때문이다. 즉 손가락이 B를 가리키고 있을 때에는 송과선의 b에서 나온 동물의 영이 관 7을 타고 손으로 뻗어 내려가서 근육을 팽창시킨 것이고, 손을 C로 내리고자 할 때에는 송과선이 조금 회전해 c에서 동물의 영이 나오고, 이것이 관 8을 타고 내려가서 손의 다른 근육을 팽창시키는 것이다. 즉 마음은 몸을 직접 움직이는 것이 아니라 송과선의 위치를 아주 조금 바꿈으로써 인간의 모든 감정과 행동을 끌어낼 수 있었다.(홍성욱 2005)

뇌 속에 존재하는 송과선은 마음과 물질의 인터페이스였다. 물질세계는 운동 법칙에 의해 작동되는 세상이고, 따라서 마음은 물질세계를 움직일 수 없지만, 단 하나의 예외가 있으니 마음이 송과선에 영향을 미칠 수 있다는 것이었다. 데카르트에게 마음과 육체는 철저히 분리되어야 했기 때문에 자유의지에 의한 신체 운동을 설명하기 위해서는 송과선과 같은 인터페이스가 반드시 필요했다. 데카르트에게 송과선은, 당시 사람들이 영혼이라고 생각했던 것보다는 훨씬 더 기계적으로 작동했지만, 넓게 보면 뇌 속에 존재하는 작은 인간과 비슷한 역할을 수행했던 것이다.

이런 논의에서 볼 수 있듯이 서양에서는 마음이 위치한 장소를 뇌로 간주해왔다. 그렇지만 항상 그랬던 것은 아니다. 동양의 의사들처럼 아리스토텔레스는 뇌보다는 심장을 마음의 원천이라고 생각했다. 뇌의 중요성이 부정할 수 없을 정도로 확실해진 것은 헬레니즘 시대

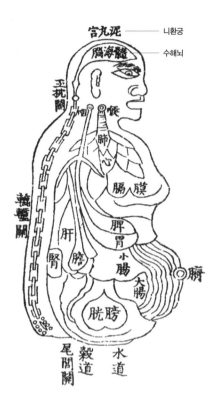

泥丸宮 ——— 니환궁

腦海髓 ——— 수해뇌

玉枕關

喉

肺
心

膈 膜

脾胃

肝

腎 膽 小
腸

臍

大腸

胱膀

尾閭關

轆轤關

穀道 水道

▶ **그림 8** 《동의보감》에 수록된 신형장부도. 여기서 니환궁, 수해뇌로 표시된 것이 뇌이며, 이것은 척추와
연결되어 있어 정精을 온몸에 순환시키는 과정에서 중요한 역할을 한다.

의 의사 갈레노스(129~199)에 이르러서였다. 갈레노스가 동물에 대한
많은 해부와 실험을 통해 심장보다는 뇌가 훨씬 중요한 장기라는 것을
밝히면서, 정신 작용을 관장하는 마음의 위치가 심장에서 뇌로 옮겨
가게 되었다. 데카르트도 이러한 전통을 잇는 사람이었다.

3. 이미지의 생명력과 현대 과학

하지만 우리는 아직도 마음을 표현할 때, 특히 사랑과 같은 감정을 가리켜 그것이 심장이 있는 가슴에 있다고 말하지 뇌에 있다고 말하지는 않는다. 또 그것을 시각화할 때 심장 모양을 상징하는 하트 이미지(♡)를 사용한다. 진심을 전하고 싶을 때 "내 뜨거운 심장을 받아줘"라고 하지, "내 뇌를 받아줘"라고 하지는 않는다. 아직도 많은 사람들이 뇌에서는 냉정한 인지 작용이, 심장에서는 뜨거운 감성 작용이 일어난다고 생각한다는 것을 알 수 있다.

이런 생각은 동양에서 쉽게 찾아볼 수 있다. 전통적으로 동양 의학에서는 정신 작용과 감정을 모두 심장이 담당한다고 간주했다. 정신을 관장하는 것이 신神인데, 신이 기거하는 장소는 뇌가 아닌 심장이었다. 오장육부(간장·심장·비장·폐장·신장, 대장·소장·쓸개·위·삼초三焦* ·방광)에도 뇌는 포함되지 않았다. 다만 《동의보감》(1610)을 저술한 허준(1546~1615)은 중국의 한의사와는 달리 뇌를 상대적으로 더 강조했다. 인체의 기운을 유지하고 생식을 관장하는 것이 정精인데, 이 정이 보존되는 장소가 뇌였다. 뇌에서 보존된 정은 척추 속의 빈 공간을 타고 흘러 내려서 척추 끝부분에 있는 구멍을 통해 온몸으로 발산되었다. 정은 부모에게서 선천적으로 받은 것으로, 고갈될 경우에 보충하기가 쉽지 않았다. 《동의보감》의 첫 페이지에 나오는 '신형장부도'(그림 8)에는 뇌가 니환궁泥丸宮, 수해뇌髓海腦로 표시되어 있

---

* 육부의 하나로서 상초(횡격막 이상), 중초(횡경막에서 배꼽까지), 하초(배꼽 아래)를 통틀어 삼초라고 한다.

는데, 여기에서 니환궁은 도교의 영향을 받았음을 드러내며,* 수해는 정수精髓가 보존되는 기관임을 의미한다. 물론 뇌를 상대적으로 중요하게 본 허준 역시 정신 작용은 대부분 심장에서 일어난다고 생각했다.(김호 2000)

세 개의 방에서 네트워크로

서양에서는 갈레노스 이후에 뇌가 가장 중요한 기관으로서 생각을 담당한다고 간주해왔다. 그러다 기원후 4세기에 비잔틴의 의사였던 포시도니우스가 머리에 손상을 입은 환자들을 관찰하면서, 앞머리 부분은 감각, 뒷머리 부분은 기억, 머리 중앙은 인지와 같은 이성의 작용과 연결되어 있다고 주장했다. 이런 관점은 중세 철학자 애덜라드(1080~1152)와 콩슈의 윌리엄(1090~1154)에 의해 더욱 정교하게 발전했다. 애덜라드는 아리스토텔레스를 인용하면서 뇌의 전면부, 중앙, 후두부에 각각 상상력, 이성, 기억의 기능을 담당하는 '방cell'이 있다고 주장했다. 윌리엄은 아리스토텔레스의 4성질(뜨거움, 차가움, 건조함, 습함) 이론을 원용하여 개별 방의 특성을 묘사했다. 상상력의 방은 색과 형태를 그리는 작용을 해야 하기에 뜨겁고 건조하며, 이성

● 도교에서는 뇌를 니환이라고 한다. 머리에는 아홉 개의 궁宮이 있어서 아홉 개의 천天과 상응하는데 그중 하나가 니환궁이다.

3. 이미지의 생명력과 현대 과학

의 방은 지각을 요리해서 아이디어를 만들어야 하기에 뜨겁고 습하며, 기억의 방은 마치 냉장고처럼 여러 자극을 고정시켜야 하기에 차갑고 건조하다는 것이다.(O'Neill 1993) 그림 9는 16세기 초엽에 철학자 그레고르 라이쉬가 그린 그림인데, 여기에서는 뇌(머리)가 각각 감각/상상력/판타지, 인식/계산, 기억을 담당하는 세 개의 '방'으로 나뉘어 있다.(Smith 1981, 574쪽)

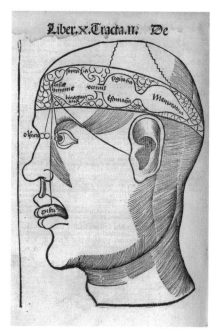

▶ **그림 9** 라이쉬의 《철학의 진주》(1508)에 나오는 그림. 머리가 감각/상상력/판타지, 인식/계산, 기억을 담당하는 세 개의 '방'으로 나뉘어 있다.

이러한 생각은 17세기와 18세기에 이르기까지 영향을 미쳤다. 17세기 초엽에 활동했던 신비주의 사상가 로버트 플러드(1574~1637)는 뇌를 세 구역으로 나누면서 이 세 구역 사이의 연결을 강조했다. 첫 번째 구역은 감각을 통해 세상을 인지하고 이를 상상력을 이용해 이성의 재료로 바꾸는 구역으로, 뇌의 전면부에 있는 뇌실에 위치한다. 여기서 보듯이 플러드에게 있어서 감각과 상상력은 같은 영역을 공유했다. 뇌의 중앙에는

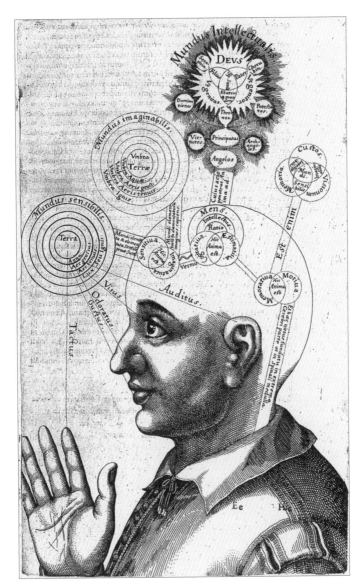

▶ **그림 10** 플러드의 정신의 궤도들.

비례, 인식, 산술 등을 담당하는 이성의 영역이 존재하며, 여기에서 판단되고 처리된 정보는 후두부의 기억을 담당하는 영역으로 보내진다. 플러드는 감각/상상력에서 이성으로, 그리고 이성에서 기억으로의 정보 흐름을 강조했다.

플러드는 한 개인의 뇌 속에서 작동하는 상상력-이성-기억의 밀접한 연관을 강조했는데, 이후 사상가들은 상상력에 해당하는 예술과 문학, 이성에 대응하는 철학과 과학, 기억에 해당하는 역사 사이에 훨씬 더 분명한 경계를 그었다. 이러한 경계는 실험철학을 주창했던 17세기 사상가 베이컨으로부터 시작되었다. 베이컨은 뇌 속이 방으로 나뉘어 있으며 이 방들이 각각 상상력, 이성, 기억의 기능을 담당한다는 주장을 근거 없다며 배격했지만, 인간의 정신 기능이 이렇게 셋으로 나뉠 수 있고 세상에 존재하는 학문이 이 세 기능에 각각 해당될 뿐 아니라 이렇게 분류될 수 있다고 주장했다.(Olivieri 1991) 베이컨의 주장은 18세기 프랑스 계몽사상가들이 가장 정교한 형태로 발전시켰다. 이들은 상상력, 이성, 기억의 영역을 나누고, 상상력의 역할은 이성이 발견한 진리를 치장하는 것이라고 폄하했다. 이성의 상징인 과학과 상상력의 상징인 예술이 무관하다는 생각은 이 시기 이후 철학적 정당성을 얻었던 것이다.(홍성욱 2009)

뇌에 세 개의 방이 있다는 생각은 또 다른 이유로 정당성을 잃었다. 1664년 영국의 의사 토머스 윌리스(1621~1675)가 자신의 《뇌신경해부학Cerebri Anatome》에서 뇌실에 상상력, 이성, 기억의 방이 존재한다는 가설을 해부학적 증거를 대면서 강력하게 비판했다. 윌리스

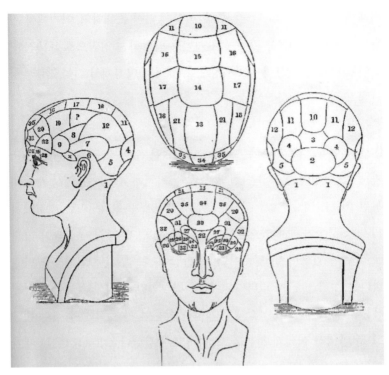

▶ **그림 11** 조지 콤의 《골상학 개요Elements of Phrenology》(1834)에 나오는 골상학 기획. 뇌를 서른다섯 가지 다른 기능을 하는 구획으로 나누었다.

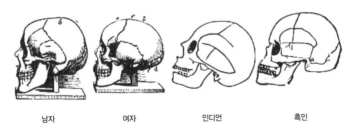

| 남자 | 여자 | 인디언 | 흑인 |

▶ **그림 12** 새뮤얼 웰스의 인종에 따른 두개골의 차이. 흑인과 인디언의 두개골은 유인원의 것과 흡사하다.

는 전두엽이 기억을 담당하고, 후두엽에 감각과 관련된 뇌가 있으며, 이러한 기능은 뇌실이 아니라 뇌의 회백질이 담당한다고 주장했다. 그의 해부학적 증거가 받아들여지면서, 인간의 뇌가 세 가지 정신 기능을 담당하는 부분으로 나뉘어 있다는 생각은 점차 자취를 감추었다.(O'Connor 2003)

그렇지만 18세기 말엽이 되면 뇌가 여러 심성을 나타내는 다양한 부위로 이루어져 있다는 생각이 다시 등장한다. 이는 19세기를 풍미한 골상학phrenology의 기초가 된 생각인데, 이를 강력하게 주장했던 사람이 독일의 의사 프란츠 갈(1758~1828)이다. 그는 뇌의 각 부위가 스물일곱 가지 능력과 성격에 대응하며, 뇌의 두개골이 튀어나오고 들어간 정도를 관찰하면 각각의 능력이 많은지 적은지를 알 수 있기 때문에 사람의 성격 등을 판단할 수 있다고 주장했다. 독일의 골상학자 요한 가스파르 스푸르츠하임(1776~1832)은 이를 좀 더 나눠서 인간의 뇌가 35~37개로 구획되어 있다고 주장했고, 그림 11에서 보듯이 영국의 골상학자 조지 콤(1788~1858)은 이를 수용해서 뇌가 서른다섯 개로 분할된다고 밝혔다.(Cooter 1984)

19세기 후반의 미국 골상학자 새뮤얼 웰스(1820~1775)는 대중에게 호소력 있는 골상학 그림을 많이 그림으로써 골상학을 널리 퍼트린 사람이다. 그의 그림 중에는 두 성직자의 머리 모양을 비교하면서, 종교적 신앙심을 담당하는 머리 윗부분이 튀어나온 사람이 다른 사람에 비해 신앙심이 월등히 높다는 사실을 보이는 것도 있었다. 웰스의 골상학 연구는 더 나아가서 성차별, 인종차별로 이어졌다. 남/녀의 뇌,

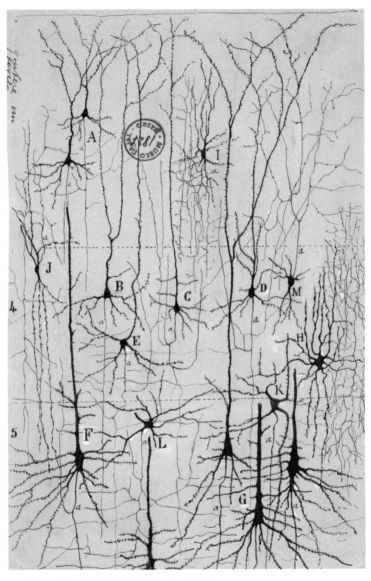

▶ **그림 13** 19세기 스페인 신경학자 라몬 카할이 그린 뉴런.

인디언과 흑인/백인의 뇌는 다른데 그것이 곧 우월하거나 열등한 존재의 표시라고 주장했던 것이다. 그의 그림에 따르면 백인 남성의 뇌는 여성의 뇌보다 컸고, 흑인의 두개골이나 인디언의 두개골은 원숭이의 두개골처럼 턱 부분이 앞으로 돌출되어 있었다. 당시 골상학을 통해서 백인 남성의 우월함이 정당화될 수 있었으며, 이 때문에 골상학은 '사이비 과학'으로 가장 많은 비판을 받았다.

지금까지 두뇌의 특정 부위가 서로 다른 역할을 담당한다는 생각의 역사를 훑어보았다. 그렇다면 오늘날은 어떠한가? 최근 뇌가 활성화되는 부위를 보여줄 수 있는 fMRI의 등장으로 인해 뇌의 여러 영역들이 각기 다른 기능을 한다는 생각은 여전히 유효한 것처럼 보인다. 따라서 fMRI 연구의 등장과 함께 fMRI는 새로운 골상학일 뿐이라는 비판도 따라 나오고 있다. 과학 저널리스트인 데이비드 돕스는 〈사이언티픽 아메리칸〉에 발표된 논문에서 fMRI 연구가 21세기에 부활한 골상학과 다름없다고 비판했다.(Dobbs 2005) 최근 fMRI 연구자들은 이러한 비판을 염두에 두고, 이전보다 더 조심스럽게 실험 패러다임을 설정하고 실험 결과를 해석한다.

뇌에 대한 이미지를 역사적으로 살펴보면 서양의 경우에 뇌가 심장을 제치고 중요한 기관으로 인식되면서, 인간의 지각이나 인지 기능을 뇌 전체가 담당하는 것이 아니라 뇌의 부분 부분이 각 기능을 나누어 담당한다는 식으로 점차 이해되었음을 볼 수 있다. 그렇지만 인간의 복잡한 인지 기능은 뇌의 부분이 아니라 뇌 전체가 담당한다는 생각 역시 계속 존재했다. 뇌의 중요성을 설파한 헬레니즘 시대의 의사

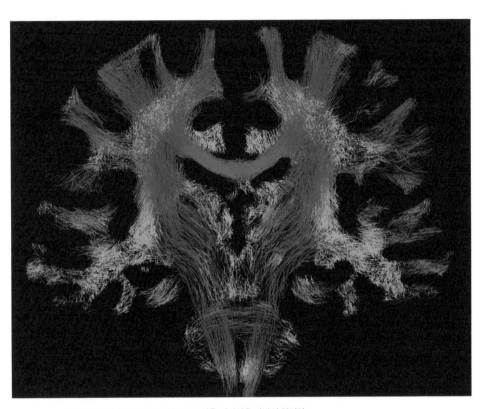

▶ **그림 14** 디퓨전 텐서 이미지 기술DTI로 찍은 신경섬유 다발의 연결망.

갈레노스도 인간의 인식은 뇌 전체가 담당한다고 생각했다. 최근에도 인지 작용과 같은 복잡한 인식 기능은 뇌의 한 부위가 아니라 뇌 전체에서 골고루 실행된다고 보는 사람들이 있다.

그렇지만 뇌를 모듈의 집합으로 보는 생각과 뇌가 전체적으로 작동한다는 생각을 시각화하는 작업은 서로 다르다. 뇌의 각 부분이 '방'

처럼 나뉘어 있다는 생각은 이미지로 표현하기 쉽다. 반면에 뇌가 전체적으로 기능한다는 생각을 그림으로 나타내기는 쉽지 않다. 이는 19세기 후반에 뉴런의 구조가 밝혀지고(그림 13; 박지영 2011), 뇌가 뇌신경의 복잡한 네트워크로 이루어졌다는 것이 알려지면서 서서히 가능해졌다.(Abraham 2003)

지금은 뇌를 네트워크로 시각화하는 작업도 자주 실행된다(그림 14). 뇌는 벽으로 나뉜 생각의 방들이 아파트처럼 모여 있는 기관이 아니라, 인터넷망이나 전화 네트워크처럼 복잡한 네트워크로 이루어져 있다는 것이다. 두 이론은 여전히 경쟁 중인데, 최근에는 신경섬유에서 물이 전파되는 것을 추적해서 신경섬유가 서로 어떻게 이어져 있는지를 추적하는 기술까지 등장했다. 이를 통해 과학자들은 과거와는 전혀 다른 뇌에 대한 새로운 이미지들을 만들어내고 있다.

세상 만물에는 각자 고유한 자리가 있다?
진화를 표현하는 다양한 '생명의 나무'
생명체의 진화와 기술의 진화

10

생명의 나무,
진화의 나무, 기술의 나무
친숙하고도 이상한 나무 이미지들

———————— **진화의 계통수**

페이지를 한 장 넘겨보자. 그림 1은 1776년에 출판된《동물의 영혼에 대한 논평De Anima Brutorum Commentaria》이라는 책에 나오는 그림이다. 저자인 피렌체의 수도사 프란체스코 솔디니는 이 책을 통해서 동물에게는 영혼이 없다고 주장했는데, 출판사는 어느 무명 예술가에게 책을 꾸며줄 그림을 요청하여 이 그림을 싣게 되었다. 여기에는 물에서 지상으로 올라가는 동물들이 그려져 있다. 마치 다윈이 등장하기 80년 전에 동물들이 물에서 육지로 이동해가는 진화의 '결정적 순간'을 이해하고 그린 듯하다.(Barbagli 2009) 그러나 이는 진화를 그린 그림이라기보다는 당시 널리 퍼진 수성론(원시 바다에 녹아 있던

▶ **그림 1** 프란체스코 솔디니의 《동물의 영혼에 대한 논평》(1776)에 나오는 진화도.

물질들의 화학적 침전에 의해 바위가 형성되었다는 주장)의 영향을 받은 그림으로 추정된다. 다윈의 진화론은 단순히 동물들이 바다에서 육지로 올라왔다는 주장이 아니라 동식물이 하나의 원형에서 가지치기하여 변형되었다는 주장이다. 다윈의 진화는 '가지치기식 진화 branching evolution'인 것이다.

이런 의미에서 다윈의 진화론을 가장 잘 보여주는 것은 나무라고 할 수 있다. 진화의 나무, 또는 진화의 계통수는 우리에게 매우 친숙하다. 그런데 진화의 계통수를 잘 들여다보면 두 종류의 나무가 하나로 합쳐져 있음을 알 수 있다. 그 하나는 가계나무이다. 가계나무란 가계도를 나무 형상으로 그린 것인데, 이렇게 가족의 계보를 나무에 빗댄 것은 성경의 〈이사야〉 11장 1절인 "이새 Jesse의 줄기에서 한 싹이 나며, 그 뿌리에서 한 가지가 나서 결실할 것이요"라는 구절에서 보듯이 매우 오래된 생각이다. 이 이새(다윗의 아버지)의 나무에서 자란 맨 꼭대기 잎은 예수이다. 중세에 그려진 이새의 가계나무에서 보듯이(그림 2), 가계나무에서는 살아 있는 후손이 오래전에 사망한 선조와 함께 등장한다.

또 다른 나무는 살아 있는 생명체를 비슷한 종류끼리 분류한 것이다. 이러한 분류의 나무에서 나무줄기를 '동물'이라는 범주로 잡으면 큰 가지들은 척추동물, 절지동물, 연체동물 등이 되고, 척추동물의 가지는 다시 물고기, 도마뱀, 새, 포유류 등의 잔가지로 나뉘는 식이

▶ **그림 2** 중세에 그려진 이새의 가계나무.

다. 나중에 다시 언급하겠지만 이러한 가지치기식 분류는 18세기 독일의 생물학자 페터 팔라스가 1766년에 처음으로 시도했다고 알려져 있다. 중요한 사실은 이렇게 두 가지 다른 의미로 사용되었던 나무의 메타포가 다윈의 진화론에서 처음으로 통합되어 사용되었다는 것이다. 다윈의 진화의 나무에는 시간에 따른 진화가 나타나는 동시에, 서로 다른 종이 자연적으로 분류된다. 진화론에서는 이것이 너무도 당연한데, 서로 다른 종은 오랜 진화의 결과이기 때문이다.

진화론이 등장하기 이전에는 불변하는 종이 위계적인 질서 속에서 고정된 자리를 점하고 있다는 생각이 널리 받아들여졌다. 그림 3은

▶ **그림 3** 중세 철학자 룰의 존재의
계단.

중세 철학자 라몬 룰(1232~1315)의 저작에 나오는데, 계단 맨 밑에는
광물이 있고 그 위에 불, 식물, 동물, 인간, 천사가 있으며, 계단 맨 위
에는 신이 자리 잡고 있다. 이는 당시 사람들이 생각하던 자연의 위계
인데, 이 위계는 엄격하고 변하지 않는 특성을 지닌다. 이러한 생각은
18세기경까지 '존재의 대연쇄'라는 개념으로 정교하게 발전되었다.
'존재의 대연쇄'란 위계를 이루고 있는 세상 만물에는 각자의 고유한
자리가 있고 그 자리는 변하지 않는다는 주장이다. 이런 위계를 표현

3. 이미지의 생명력과 현대 과학

할 수 있는 좋은 비유 대상은 계단이나 사다리이다.(Kutschela 2009;
Lovejoy 1936)

만물을 고정되고 정교한 위계질서에 따라서 배치하는 '존재의 대
연쇄'는 18세기에 절정에 이르렀다. 예를 들어 샤를 보네는 1745년
에 자연의 위계를 자세하게 추적하여 빈칸을 채워 넣는 작업을 했다.
그는 히드라를 동물과 식물 사이에, 달팽이를 연체동물과 뱀 사이에
넣었으며, 날아다니는 물고기를 어류와 척추동물 사이에, 여우박쥐
를 새와 포유류 사이에 넣었다. 그렇지만 각 동물의 위치는 고정돼 있
었다. 그의 '존재의 대연쇄'에서 이성을 가진 인간은 동물의 세계에서
가장 높은 위치를 차지하고 있었다. 그다음이 반쪽 이성을 가진 코끼
리, 그다음은 새, 그다음이 물고기, 곤충, 조개류, 식충, 식물, 돌, 광석,
금속이며, 마지막 자리에는 물, 불, 흙, 공기가 있었다. 이때 존재의 대
연쇄는 나무가 아니라 사다리라는 메타포를 사용했으며, 특히 사다리
의 각 칸이 상징하는 존재들의 위치는 고정되어 있다.

그렇지만 존재의 대연쇄가 정교해진 바로 그 시기에 이 개념은 문
제를 일으키기 시작했다. 하나의 존재와 인접한 다른 존재 어디에도
넣기가 적당하지 않은 잡종 같은 존재가 계속 발견되었기 때문이다.
이처럼 변종들이나 잡종들의 경우 위치를 설정하기 힘들며, 이 때문
에 종과 종 사이의 경계가 고정되어 있지 않다는 논의들이 계속 이어
졌다. 또 동물은 식물보다 상위에 있다고 간주되었지만, 린네와 같은
박물학자는 예를 들어 미모사는 상당히 완벽한 식물이기 때문에 해파
리와 같은 불완전한 동물보다 결코 하위에 있을 수 없다고 생각했다.

동식물을 분류하는 데 사용하는 메타포가 사다리나 계단에서 나무로 변화하기 시작한 것도 이 무렵이었다. 박물학자 피터 팔라스는 박사학위 논문에서 린네의 분류체계를 비판했으며, 1761~1766년에 영국과 네덜란드에서 해양생물을 수집했다. 그는 식물로 분류되었다가 당시에 동물로 분류되기 시작한 산호와 해면동물의 상세한 분석을 시도했다. 그는 이 시기에 자연세계는 역사적으로 변화해왔으며 이 변화에는 공통의 기원이 있다는 생각을 하게 되었다. 팔라스는 1763년에 영국 왕립학회의 회원으로 선발되었고, 1766년에《엘렌커스 주피토룸Elenchus Zoophytorum》에서 자연의 생물체들은 직렬로 연결되어 있는 것이 아니라 그물망처럼 서로 달라붙어 있기에, 유기체라는 전체 시스템은 위계적인 사다리가 아니라 마치 나무와 같다고 설명했다.(Hestmark 2000) 생명체라는 나무는 줄기를 따라 올라가면서 여러 동식물들이 붙어 있는 형상이며, 이 줄기로부터 연체동물과 어류, 곤충이라는 가지가 뻗어 나가고, 곤충에서 양서류라는 가지도 나온다고 보았다. 그는 이 나무의 꼭대기에는 네발짐승이 존재하며, 바로 밑에서는 조류라는 가지가 뻗어 나간다고 주장했다. 그는 이 시기에 생명체가 역사를 통해 변하며 따라서 나무의 메타포를 사용해서 이를 가장 잘 나타낼 수 있다고 했지만, 말년에는 자연은 고정불변이며 종은 변하지 않는다면서 자신의 이전 주장을 뒤엎기도 했다.

팔라스는 뚜렷하게 나무의 은유를 사용했지만, 그림을 그리지는 않았다. 실제 그림으로 나타낸 나무 이미지는 1801년에 프랑스 학자인 오귀스탱 오제의《식물목》이라는 저서에 처음 등장했다. 그러나 팔라

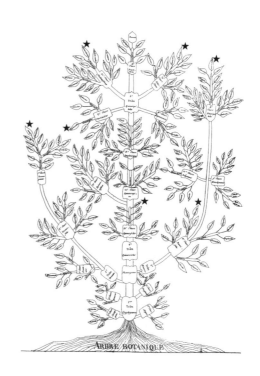

▶ **그림 4** 오귀스탱 오제의 〈식물목〉,
1801.

스와 달리 오제는 기존의 식물을 분류하는 데 나무 그림을 사용했을
뿐이었다. 그는 가계나무와 비슷한 형상이 우리 자연에 존재하는 질
서와 단계를 분류해서 표현하는 데 적합하다고 생각했고, 자신이 그
린 그림에 식물목botanical tree이라는 이름을 붙였다. 이 식물목의 큰
가지들은 서로 다른 식물군을 나타냈고, 작은 가지들은 지금 존재하
는 상이한 식물종들을 표현했다. 그는 나무를 이용해 나무를 분류한
셈이었다. 하지만 그의 그림에는 시간 차원이 빠져 있었다. 그는 신에
의한 생물종들의 창조를 믿었지만, 다만 기존의 사다리식의 위계질서

TABLEAU
Servant à montrer l'origine des différens animaux.

Vers.   Infusoires.
                 Polypes.
                 Radiaires.

                 Insectes.
                 Arachnides.
Annelides.   Crustacés.
Cirrhipèdes.
Mollusques.

      Poissons.
      Reptiles. 파충류

   Oiseaux. 조류

   Monotrèmes.   M. Amphibies.
   단공류

               M. Cétacés.

               M. Ongulés.
   M. Onguiculés.

▶ **그림 5** 라마르크의 《동물철학》의 한 페이지. 동물의 기원에 대해 논하고 있다.

로는 자연을 적절히 분류하고 표현할 수 없다고 생각했고, 이 문제를 해결하기 위해서 나무의 메타포를 사용한 것뿐이었다.(Stevens 1983)

다윈 이전에 진화론을 주장했던 프랑스 생물학자 라마르크도 1809년 주저인 《동물철학Philosophie zoologique》에서 동물의 기원을 묘사하는 그림을 그렸는데, 진화론자답게 여기에는 시간 차원이 분명히 드러나 있다(그림 5). 생물학자로 생물학사를 연구했던 J. 데이비드 아치볼트는 라마르크의 그림이 최초로 진화론적인 관점에서 그려진 '생명의 나무'라고 평가했다.(Archibald 2009) 라마르크는 당연히 진화의 신봉자였고 진화의 핵심은 가지치기식 분지分枝 메커니즘을 따른다고 주장했다. 그림의 가운데를 보면 파충류에서 조류와 양서류가 갈라져서 진화하는 양상이 뚜렷하게 나타난다. 조류에서는 오리너구리 같은 단공류(알을 낳는 포유류)가 진화하고 여기에서 발굽이 있는 유제류가 진화한다. 다른 한편으로 양서류에서 발톱이 있는 유조류가 진화하는 과정도 볼 수 있다. 진화에 대한 그의

                                                 3. 이미지의 생명력과 현대 과학

믿음이 잘 드러난 그림이다.

그러나 이 그림을 진화론적인 생명의 나무로 보기에는 어색한 부분이 많다. 우선 라마르크의 그림은 나무의 형태를 보여주지는 못한다. 그리고 그 흐름도 (나무가 자라듯이) 아래에서 위로가 아니라 위에서 아래로 진행된다. 종들 사이의 관계도 가지가 아니라 점선으로 이어져 있다. 이 책을 쓴 1809년이 되면 라마르크는 분지하는 진화를 받아들였지만, 그전에는 생명체의 '자연발생'을 믿었으며, 이 그림이 생명체가 분지식 진화를 한다는 것을 보이려는 것인지 혹은 자연발생을 한다는 것을 보이려는 것인지 분명치 않다. 게다가 이 그림은 그림이라기보다는 표에 더 가깝다. 어디를 보아도 나무라고 하기 어려우며 라마르크 자신도 나무라고 얘기하지 않았다.

이런 점들은 라마르크가 1815년에 출판한 《척추동물의 자연사 Histoire naturelle des animaux sans vertébres》라는 책에 나온 그림을 보면 알 수 있다. 라마르크는 여기에 훨씬 더 자세한 그림을 그렸다(그림 6). 이 책의 '동물의 형성에 가정된 질서'라는 부분에서 라마르크는 가지치기식 진화를 논하지만, 나무 그림을 사용하고 있지는 않다. 나무라기보다는 사물을 분류해놓은 분류표에 훨씬 더 가깝다.

생명체가 역사적으로 변화했다는 진화적 관점을 나무 이미지와 연결한 첫 번째 인물은 누구일까? 미국의 지질학자인 에드워드 히치콕이 강력한 후보인데, 그는 1840년에 출판한 《기초 지질학Elementary Geology》에서 기묘하게 생긴 진화의 나무를 그렸다.(Archibald 2009) 그림 7에서 세로축은 고생물 시대의 시기 구분이다. 두 나무는 각각

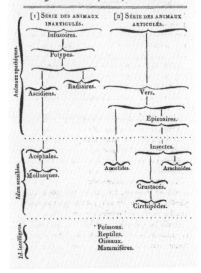

▶ **그림 6** 라마르크가 《척추동물의 자연사》에서
제시한 시간에 따른 동물의 가지치기식 분류.

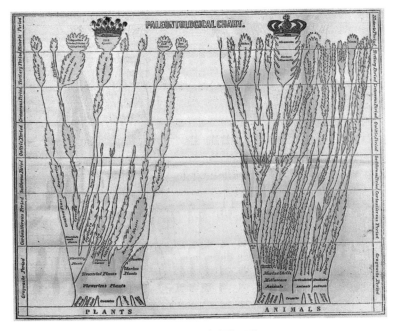

▶ **그림 7** 에드워드 히치콕의 식물의 나무(왼쪽)와 동물의 나무(오른쪽).

식물의 나무와 동물의 나무를 나타내며, 아래쪽에서 위쪽으로 마치 나무가 자라듯이 고생물 시대에 동식물이 변화했음을 보여준다. 자세히 보면 동물과 식물 모두 공통된 몇 개의 원형생물에서 출발하는데, 시간이 흐름에 따라 이것들이 합쳐지고, 여기에서 새로운 가지가 나와 발전하면서 때로 가지치기를 하고 있다. 그러나 히치콕 자신은 진화론을 믿지 않았으며, 자연의 변화가 있다면 그 동인은 신이라고 생각했다. 이런 관점에서 보면 히치콕의 나무 역시 진화론에 입각한 '생명의 나무'라고 보기 힘들다.

독일 출신 러시아 박물학자인 카를 에드바르트 폰 아이히발트는 모든 동물이 원시적인 얕은 대양에서 생성되었다고 주장했다. 그림 8은 아이히발트가 1820년대에 그린 동물의 나무인데, 이 나무는 그가 생명의 원천이라고 부른 원시 대양에서 자라난다.(Ragan 2009) 그는 동물군에 여덟 가지가 있다고 생각했다. 이 그림을 자세히 보면 여덟 가지 동물이 하나의 원시 동물에서 진화했다기보다는, 처음부터 다른 동물군으로 출발해서 독자적으로 발전한 것처럼 보인다. 아이히발트의 동물의 나무는 겉보기엔 하나의 나무인 것 같지만, 여덟 개의 나무줄기가 합쳐져서 하나의 나무를 만든 것에 더 가깝다는 얘기다.

1844년 영국의 박물학자 로버트 체임버스는 《창조 자연사의 흔적들》이라는 논쟁적인 책을 출판했다. 진화론을 주장한 이 책은 증거가 충분치 않다는 이유로 많은 사람들에게 비난받았다. 그는 이 책의 '식물과 동물의 왕국의 발전에 대한 가설'(212쪽) 대목에서 가지치기식 진화의 그림(그림 9)을 보여준다.

▶ **그림 8** 카를 에드바르트 폰 아이 히발트의 〈동물의 나무〉, 1820년대.

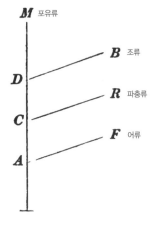

▶ **그림 9** 로버트 체임버스가 논한 가지치기식 진화 과정.

이 그림에서 포유류(M)로 진화하는 큰 줄기에서 A 지점에서는 어류(F), C 지점에서는 파충류(R), D 지점에서는 조류(B)가 분지되고 있다. 그러나 이 그림과 관련한 설명에서 체임버스는 '분지', '가지치기식 진화'라는 표현을 쓰지는 않으며, 나무의 비유도 언급하고 있지 않다. 다만 같은 책의 191쪽에서 '아마 분지가 있을 수도 있다'라는 표현을 하고 있다. 그러나 이 표현과 그림이 함께 사용되진 않았다는 점에서 그가 진화와 관련하여 나무의 메타포를 사용했는지는 의문의 여지가 있다. 그렇지만 그의 책은 당시에 센세이션을 불러일으킬 정도로 널리 읽혔다. 다윈도 이 책의 독자였으며, 따라서 이러한 논의에 영향을 받았을지도 모른다.

하인리히 게오르크 브론이라는 독일의 고생물학자는 다윈의 《종의 기원》이 출판되기 1년 전인 1858년에 나온 저작에서 나무와 각각의 줄기를 가상의 생명체와 연결지어 논했다. 그는 창조론자는 아니었지만 그렇다고 진화의 메커니즘을 주장한 사람도 아니었다. 브론은 종의 진화와 관련해서 매우 혼란스럽던 시기에 살았으며, 그의 나무도 이러한 혼란을 드러낸다(그림 10). 그는 다윈의 《종의 기원》을 독일어로 처음으로 번역하여 출판했고, 독일의 유명한 진화생물학자 에른스트 헤켈에게 큰 영향을 주었다.

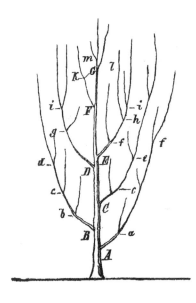

▶ **그림 10** 하인리히 게오르크 브론의 '생명의 나무'.

생명의 산호초

체임버스와 브론이 《종의 기원》(1859) 출판 즈음에 진화의 나무를 그렸지만, 다윈은 이미 1830년대에 비슷한 나무를 그렸다. 1837년에 쓰인 것으로 추정된 노트에서 다윈은 "생명의 나무라는 것은 아마도 생명의 산호초라고 불러야 할 것 같다The tree of life should perhaps be called the coral of life"라고 이야기하고 있다. 자연에서 기원이 되는 생명체는 전부 사라졌기 때문에 뿌리와 줄기가 살아 있는 나무가 아니라, 밑동과 줄기 부분은 죽은 산호초로 비유하는 것이 옳다는 의미이다. 이 논의와 관련된 그림 11 왼쪽에는 죽은 생명체는 점선으로(산호의

3. 이미지의 생명력과 현대 과학

밑동과 줄기에 해당) 표시되어 있다. 이 노트는 다윈이 비글호 여행에서 돌아와 진화의 메커니즘을 계속 고민하던 시기에 작성한 것이다.

'생명의 산호초'보다 훨씬 더 잘 알려진 그림은 이보다 몇 페이지 뒤에 나오는(따라서 거의 같은 시기에 그려진) '생명의 나무'이다. 이 그림에서 다윈은 하나의 개체에서 시작한 진화가 어떻게 가지치기를 하면서 서로 다른 생물종들을 낳는지 본격적으로 설명하고 있다. 그림 11 오른쪽에서 진화는 1번 종에서 시작하여 계속된 가지치기를 통해 A, B, C, D 등의 종을 낳는다. 다윈은 결과적으로 A와 B 사이에 커다란 간극이 존재하며, B와 C 사이에는 상대적으로 작은 간극이 존재한다고 설명한다. 이 그림에서는 분류 및 진화의 특징이 모두 나타나 있음을 확인할 수 있다. 가계나무와 분류의 나무가 하나로 통합된 것이다. 따라서 이 그림은 다윈이 그린 첫 번째 '생명의 나무'로 널리 알려져 있다.(Gregory 2008) 그렇지만 한 가지 문제는 그림의 나무가 실제 나무를 전혀 닮지 않았다는 것이다. 오히려 이 그림은 앞에서 언급한 '생명의 산호초'와 더 닮았다.(Kutschera 2009)

다윈이 진화를 왜, 어떻게 받아들이고, 진화의 메커니즘에 어떻게 도달하게 되었나 하는 문제와 관련하여 최근에 다윈 연구가인 에이드리언 데스몬드와 제임스 무어는 다윈이 노예제를 목격하고 이에 반대하면서 인간의 기원을 고민하게 되었으며, 그 과정에서 인간은 모두 한 뿌리에서 나왔고 인간만이 아니라 결국 모든 생명체가 하나의 뿌리에서 나왔다는 생각에 이르렀다는 해석을 내놓았다.(Desmond and Moore 2009)

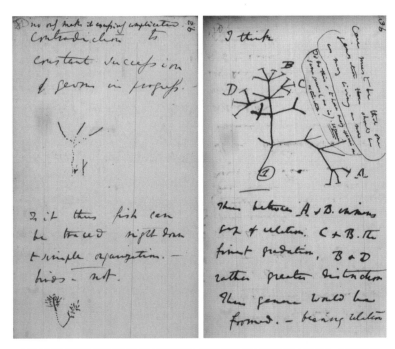

▶ **그림 11** 찰스 다윈의 '생명의 산호초', 1837(왼쪽)와 그의 첫 '생명의 나무'(1837)로 평가되는 그림(오른쪽).

다원은 《비글호 항해기》의 1845년 개정판에서 두 문단을 삽입해 노예제를 비판했다. 그는 브라질에서 노예제를 목격했으며, 뉴질랜드에서 동족끼리 전쟁을 벌여 패한 부족을 노예로 만드는 것을 보고 노예제에 강한 반감을 품게 되었다. 다원은 가족을 중시하는 빅토리아 시대 중상류층 출신이었고, 열 명의 자녀를 두고 아내와 깊은 사랑을 나누던 가족적인 사람이었다. 그는 가족 간의 사랑을 믿었으며, 이를 확산시키고자 했다. 즉 가족이라는 개념을 내 친인척에서 다른 인종,

3. 이미지의 생명력과 현대 과학

더 나아가 동물들로 확산시키며 자신의 논의를 펼쳐갔다. 생명의 가계도에 모든 살아있는 생명체를 포함하는 단계에 이른 것이다.

노예제에 대한 비판과 타 종족에 대한 사랑은 이렇게 그의 생각과 감정을 하나로 묶는 실이 되었다. 《종의 기원》의 결론에서 다윈은, 생물체들을 특별한 창조물이 아닌 오래전에 살았던 몇몇 생물체들의 후손들로 볼 때 모든 생명체를 고귀하게 여길 수 있다고 말한다. 즉 우리 모두 역사가 깊고 위대한 가족의 일부임을 강조한 것인데, 이는 귀족 가문의 위엄이 가문의 오랜 역사와 전통으로 평가되던 당시 영국 사회 관습의 생물학적 버전이나 다름없는 주장이다.

그림 12는 《종의 기원》에 등장하는 유일한 그림이다. 여기서 하나의 칸은 종의 1000세대를 나타낸다. 이 그림에는 총 1만 4000세대가 표시돼 있고, 해당 세대 동안 종은 다음과 같이 진화했다. 처음에는 A부터 L까지 열한 개의 종이 있었다. 세대를 거듭하면서 B 같은 종은 금방(1000세대 내에) 멸종했다. C와 L도 일찍 멸종했다. 1만 4000세대를 거치는 동안 끝까지 멸종되지 않은 종은 A, F, I이다. A는 수많은 분지를 겪고 결국 여덟 개의 종으로 남게 되었으며, F는 원래의 종이 분지하지 않고 계속 그대로 남아 있고, I는 분지를 계속해서 최종적으로 여섯 개의 종이 되었다. 그래서 원래 열한 개의 종으로 시작했지만, 1만 4000세대를 거친 후에는 열다섯 개의 종이 남아 있게 되는 것이다. 이 그림은 많은 사람이 첫 번째로 인쇄된 진화적인 '생명의 나무'로 평가한다. 그렇지만 다윈은 이 그림을 논하면서 '생명의 나무'나 '진화의 나무' 같은 말을 쓰지 않았다. 이 그림은 생명의 나무보다

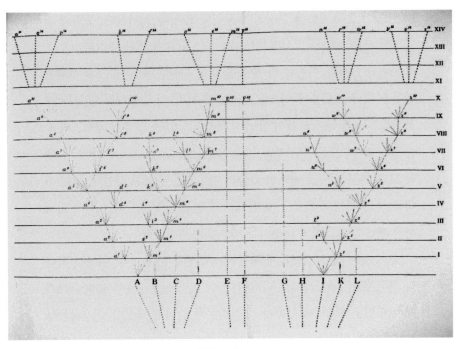

▶ **그림 12** 다윈의 《종의 기원》에 등장하는 유일한 그림.

는 다윈이 언급한 생명의 산호초라는 맥락에서 더 잘 이해된다. 대부
분의 종은 진화를 거듭하다가 멸종했고, 지금 살아 있는 종은 이런 죽
은 줄기 위에 핀 산호로 생각할 수 있기 때문이다.(Bredekamp 2005;
Fernandez 2011) 이 그림은 A에서 나온 수많은 종이 결국 태초의 생
물체로부터 진화했기 때문에 이들 사이에 위계질서를 상정할 수 없다
는 점을 잘 드러낸다.

　독일의 진화론자 에른스트 헤켈은 독일에 진화론을 알리고 확산시

키는 데 중요한 역할을 했다. 그는 브론이 번역한 다윈의 《종의 기원》을 읽고 바로 진화론자가 되었다. 그렇지만 헤켈은 획득형질의 유전을 믿었고, 용불용설을 주장하는 라마르크적인 성향도 강했다. 그는 뛰어난 그림 실력으로 사람들에게 깊은 인상을 심어준 많은 그림을 그렸는데, 특히 자연계에 존재하는 여러 미생물 유기체에 대한 현미경 그림들은 당시 예술가들의 상상력을 자극하기도 했다. 그는 '개체발생이 계통발생을 반복한다'*라는 자신의 진화 이론을 입증하는 유명한 발생도를 그렸지만, 이 그림은 후대에 조작 논란에 휩싸이기도 했다.

헤켈은 '생명의 나무'를 여럿 그렸고, 그의 나무들은 모두 잘 알려져 있다. 그는 인류의 조상을 상정했는데, 동물에서부터 인류의 조상에 이르는 생명의 나무를 그렸고, 식물군과 원형동물군 그리고 동물군이라는 세 개의 줄기를 가진 생명의 나무를 그리기도 했다. 가장 널리 알려진 것은 그림 13에서 묘사된 '생명의 나무'이다. 이 나무는 다윈과 헤켈의 차이를 극명하게 보여주는데, 헤켈은 동물들의 위계질서를 세우지 않았던 다윈과는 달리 인간을 진화의 나무의 가장 높은 자

---

* 배아에서 한 개체가 세상에 태어나기까지의 발생 과정을 개체발생個體發生, ontogeny이라고 하며, 진화 과정을 통해서 인간, 포유류, 조류, 어류 등이 형태적으로 서로 다르게 존재하며 살아가게 된 과정을 계통발생系統發生, phylogeny이라고 한다. '개체발생이 계통발생을 반복한다'는 것은 배아가 태아가 되고 출생할 때까지 해당 개체가 지금까지의 진화 과정을 고스란히 거친다는 뜻이다. 이는 다윈의 주장이 아니라 헤켈의 주장이다.

PEDIGREE OF MAN.

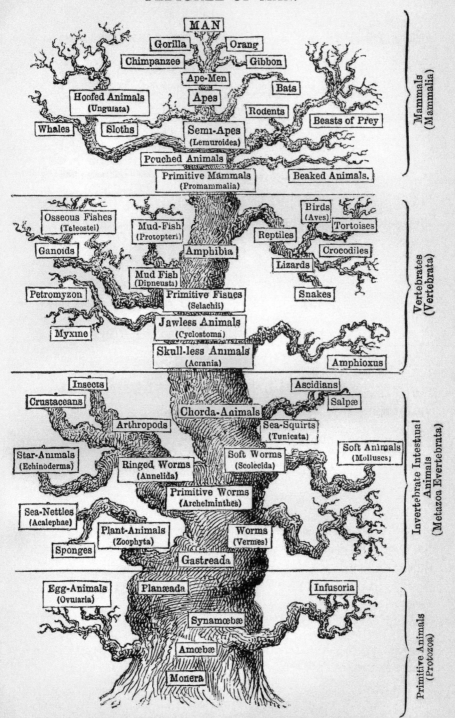

리에 올려놓았다. 그의 생명의 나무는 가지치기식 진화 과정을 표현하지만, 전체적인 외양은 마치 사다리와 흡사하며 한눈에 봐도 상당히 위계적이다.

헤켈의 이 나무는 일본의 유명한 애니메이션 〈공각기동대〉에도 등장한다. 이 애니메이션의 주인공 쿠사나기는 인간의 뇌를 가진 기계인데, 박물관에서 일어나는 마지막 전투에서는 로봇 전차에서 뿜어져 나온 총알이 박물관 벽에 그려진 헤켈의 '생명의 나무'를 엉망으로 만들어버린다. 헤켈의 생명의 나무 정상에는 인간이 있지만 〈공각기동대〉에서는 인간보다 더 진화한 사이보그들이 생명의 나무 맨 위에 있는 인간에게 총알을 퍼붓는다. 진화는 인간에게서 끝나지 않고, 인간이 만든 사이보그로 이어진다는 의미이다. 20세기 말엽부터 유행하기 시작한 탈휴머니즘post-humanism 사상의 씨앗을 여기서 볼 수 있다.

기계 속의 다윈

다윈의 진화론이 등장하고 오래지 않아 생명체의 진화와 기계의 진화를 유비적으로 생각하려는 시도가 나타났다. 영국의 작가 새뮤얼 버틀러는 《종의 기원》이 나오고 4년 뒤인 1863년에 쓴 〈기계 속의 다윈Darwin among the machines〉이라는 에세이에서 기계는 실제로 '기계적 생명'이며, 생명체와 마찬가지로 진화를 하고, 궁극적으로는 인간을 뛰어넘는 존재가 될 것이라고 주장했다. 19세기 말부터 20세기

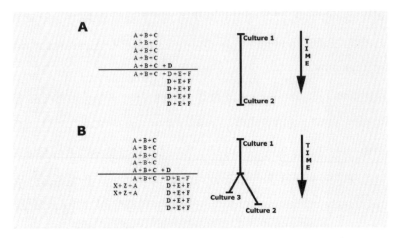

▶ **그림 14** 문화의 진화를 간단히 나타낸 그림. B에서 생명체의 진화와 같은 분지를 볼 수 있다.

초에는 고고학자들이 인공물인 문화의 진화에 대해 이야기하기 시작
했다. 1903년에 몬텔리우스는 문화의 요소를 선별하여 이러한 요소
가 어떻게 바뀌었는가를 추적하면 문화의 변환 과정이나 하나의 문
화에서 다른 두 문화가 생성되는 과정을 이해할 수 있다고 주장했다.

예를 들어, 그림 14에서 A는 A, B, C로 이루어진 문화 1이 D, E, F
로 이루어진 문화 2로 바뀌는 과정이다. 문화 1과 문화 2는 구성요소
가 전혀 다른 것처럼 보이지만, 중간에 겹치는 부분이 있다. 그림 B는
하나의 문화에서 두 개의 문화가 분지하는 과정을 보여주는데 이는
다윈의 종의 분지와 비슷하다. 인간이 만든 인공물인 문화가 종의 진
화와 비슷한 측면이 있음을 보이려는 시도인데, 기술도 문화의 일부
라고 볼 수 있다면 기술 발전에도 이와 비슷한 진화론적 방식이 적용

　　　　　　　　　　　　　　　　　3. 이미지의 생명력과 현대 과학

될 수 있을 것이다.

　현대 기술에 대해서 흥미로운 작업을 많이 했던 케빈 켈리는 최신 작《기술의 충격》에서 생명체의 진화와 기술 진화가 연속성을 띤다고 주장한다.(켈리 2011) 그가 말하는 생명체의 진화는 다음 단계를 거쳐 이루어진다.

　　자기 복제하는 하나의 분자

　　복제하는 분자들(DNA)

　　염색체

　　단백질

　　핵이 있는 세포

　　양성 결합

　　다세포 유기체

　　콜로니와 초거대 유기체

　　언어에 기반한 사회

이다음에는 인간에 의한 기술 발전이 뒤따른다.

　　필기/수학적 기호

　　인쇄

　　과학적 방법

　　대량생산

전 지구적 통신

켈리에 의하면 기술은 생명체의 진화의 연속에 해당할 뿐만 아니라, 생명체의 진화가 추구하는 목표를 공유한다. 그 이유는 기술이 다음과 같은 것을 '원하기' 때문이다.

효율성의 증가

기회의 증가

창발성의 증가

복잡도의 증가

다양성의 증가

전문성의 증가

보편성의 증가

자유도의 증가

상호 호혜성의 증가

아름다움의 증가

감성의 증가

구조의 증가

진화 가능성의 증가

그는 생명체의 진화 과정과 기술의 진화 과정은 같은 선상에 존재하기 때문에 기술이 바라는 것과 생명체가 바라는 것이 별 차이가 없

3. 이미지의 생명력과 현대 과학

다고 주장한다. 그렇다면 진화의 나무를 기술 분야에서도 비슷하게 그릴 수 있을까?

19세기 말에 중세 투구 수집가인 배시퍼드 딘은 투구를 진화적으로 연구할 수 있다는 생각에서 이를 진화의 계통수 비슷하게 분류해 보았다. 이런 생각을 할 수 있었던 이유는 그가 실루리아기와 데본기에 널리 퍼져 살았던 물고기인 플라코더미Placodermi를 연구한 고생물학자였기 때문이다. 흥미로운 사실은 그가 연구한 물고기와 투구가 모두 비슷한 진화 과정을 거쳤다는 것이다. 플라코더미는 데본기에 전 대양을 덮을 정도로 진화의 정점을 맞았으나, 어느 날 갑자기 멸종했다. 매우 강력한 포식자였던 이 물고기가 대양의 환경이 바뀌면서 갑자기 사라진 것이다. 그가 취미로 수집하던 중세 투구의 진화 과정도 그와 비슷했다(그림 15). 실제로 그의 그림을 보면 투구도 생명체의 진화 과정과 마찬가지로 가지치기식 진화를 하고 멸종과 비슷한 과정을 겪는다는 사실을 확인할 수 있다. 이러한 진화의 나무를 투구이외의 다른 분야에 적용한 경우도 많은데, 예를 들어 카메라나 진공관의 진화는 생명체의 진화 과정과 유사한 모습을 보인다(그림 16).

그렇지만 생명체의 진화와 기술의 진화 사이에는 두 가지 차이점이 있다. 그림 17의 코넷Cornet의 진화의 나무를 보자.(Barnet 2004) 고생물학자 닐스 엘드리지는 1972년에 스티븐 J. 굴드와 함께 단속평형설 theory of punctuated equilibrium을 주장해 진화생물학계에서 유명해진 학자이다. 한편으로 그는 관악기 코넷을 불고 모으는 취미가 있었다. 그는 자신이 수집한 코넷 중 서른여섯 개를 선별해 코넷의 열일곱 가지

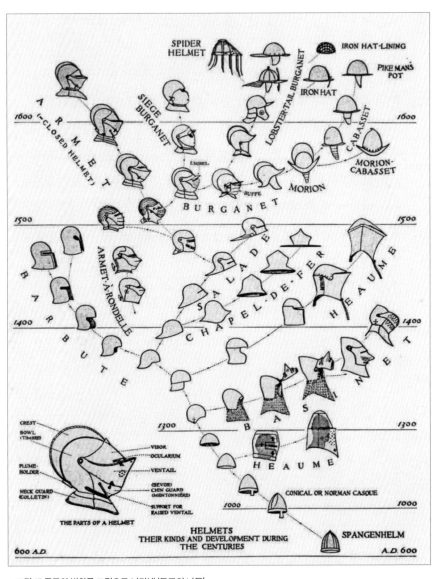

▶ **그림 15** 투구의 변화를 그림으로 나타낸 '투구의 나무'.

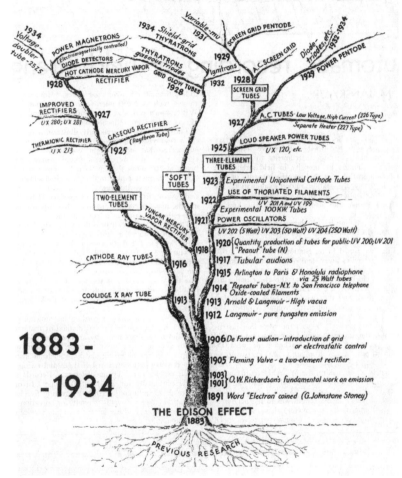

▶ **그림 16** 진공관의 진화를 보여주는 나무.

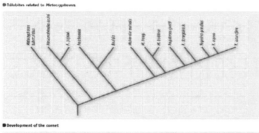

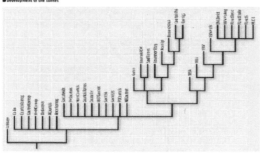

▶ **그림 17** 닐스 엘드리지가 제시한 생명체의 진화(위)와 코넷의 진화(아래).

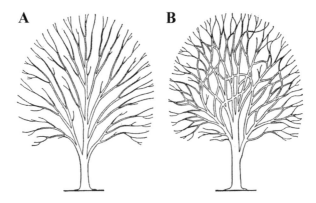

▶ **그림 18** 나무의 가지치기 형태로 비교한 생명체의 진화(A)와 인공물의 진화(B). 생명체의 경우에는 분지된 가지가 다시 붙는 경우가 없다고 알려져 있다.

특성을 정의하고, 시간에 따라 이 특성들이 어떻게 진화하는지를 확인해보았다. 그의 관찰에 따르면, 어느 한순간에 하나의 코넷에서 엄청나게 다양한 종류의 코넷이 가지치기식으로 쭉 뻗어 진화해나갔음을 볼 수 있다. 이는 유기체의 진화와는 다른 특성인데, 일반적으로 유기체는 종이 점진적으로 분지해서 완만하게 진화하기 때문이다.

또 다른 차이는 생명체 진화의 경우에 한 번 진화해서 갈라진 상이한 종들 사이에서는 교배가 일어나지 않는다는 것이다. 즉 하나의 가지였다가 세분화된 잔가지들 사이에서 다시 접붙는 경우가 없다는 것이다(그림 18에서 A). 다른 종과는 교배가 안 되어 종 안에서 자꾸 갈라지는 형태로만 변화가 일어나기 때문이다. 그렇지만 기계의 경우에는(혹은 보다 일반적으로 문화의 경우에는) 이미 오래전에 분지한 기술들이 얼마든지 만날 수 있다(그림 18에서 B). 심지어는 오래전에 사라진 기술과의 접붙이기도 가능하다.(Basalla 1988)

미국이 자랑하는 기계 중 하나인 매코믹의 자동 수확기의 진화 과정은 가지 간의 결합을 잘 보여준다. 유럽의 많은 발명가들이 오랫동안 수확에 사용되는 낫을 기계화하기 위해 노력했으나 아무도 실용적인 기계를 만들어낼 수 없었다. 그러다가 미국에서 처음으로 자동 수확기가 발명되었는데, 발명자 매코믹은 낫이 아니라 고대 그리스 시대에 사용되었다가 이미 2000년 전에 사라진 톱을 이용하여 자동 수확기를 만든 것이다.

이렇게 두 가지 점에서 기술의 진화는 생명체의 진화와 다르다. 특히 나뭇가지가 서로 다시 붙지 않는 현상은 생명 진화와 기술 진화의

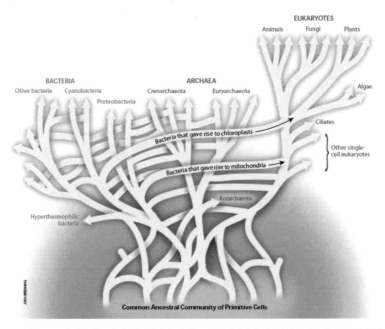

▶ **그림 19** 포드 두리틀이 그린 새로운 '생명의 나무'. 고생물 시기에 가지들이 빈번히 교차되었음을 보여준다.

핵심 차이로 지적되었다. 그렇지만 문제는 다시 복잡해지는데, W. 포드 두리틀이 2000년 〈사이언티픽 아메리칸〉에 실은 논문에서 생명체의 진화 계통수에 대해 전혀 다른 주장을 제시했다.(Doolittle 2000) 이 논문은 진화생물학계와 생물철학계에 큰 반향을 불러일으켰는데, 그는 특히 고생물 시기 진핵생물의 경우 가지 간의 교차 현상이 빈번하게 나타난다고 주장했다.(Fernandez 2011 참조) 어찌 보면 이는 기계의 진화 과정과 유사하다. 이런 의미에서 기술 진화의 나무와 생명 진화의 나무는 다시 비슷해지고 있다.

  과학에서의 이미지들은 그 자체로 생명력이 있다. 이미지는 이미지를 낳고, 오래된 이미지는 새로운 이미지로 점차 변한다. 죽은 것 같은 이미지도 오랜 시간이 흐른 뒤에 엉뚱한 곳에서 부활한다. 보통 이미지는 과학의 내러티브를 쉽게 설명하는 과정에서 등장하지만, 새로운 이야기를 낳기도 한다. 이미지는 과학의 역사를 더 풍성하게 만들어줄 뿐만 아니라, 과학의 역사를 예기치 않은 방향으로 이끌기도 한다. 과학에서 나타나는 다양한 이미지들을 읽는 것은 과학을 사회적이고 문화적인 맥락에서 파악하는 작업이며, 이런 작업은 과학을 더 흥미롭고, 더 살아 있으며, 더 인간적인 것으로 만들 수 있다.

모험가, 건달, 엔지니어, 간호사가 이끈 혁명

훔볼트의 '자연 그림'이 놀라운 이유

나이팅게일의 '장미 그래프'와 사회를 바꾸는 힘

11

데이터 시각화의 혁명

훔볼트, 플레이페어,
미나르, 나이팅게일

───────── 유럽 사회는 18세기부터 많은 정보를 모으고 관리하기 시작했다. 해상 무역이 발달하고 금융과 보험이 활성화되면서 동인도회사 같은 거대 기업이 관리하는 정보는 지리적으로 전 세계를 망라했고, 그 양에 있어서도 폭발적으로 늘어났다. 금융회사, 무역회사, 보험회사는 새로운 수학적 기법을 도입해서 이런 정보를 처리했다. 정부는 통치와 세금을 위해서 국토, 국민, 자산, 농업 및 상업 같은 경제활동, 가축 등에 대한 정보를 수집했고, 이를 기록하고 분류하는 기록국 같은 조직을 신설하거나 키웠다. 전국적 차원의 인구조사도 18세기 중엽 이후에 광범위하게 확대되었다.

이런 변화와 더불어 데이터를 처리하는 통계학이 발전했다. 통계학은 보험회사의 필요 때문에 18세기에 발전했지만, 19세기에는 국가의 데이터를 처리하는 일로 그 영역을 확장했다. 조금씩 그 숫자가 늘어나던 통계학자들은 1834년에 공식적으로 '런던통계학회'를 결성했다. 통계학의 statistics는 state(국가)의 통치를 위한 학문이라는 뜻이었다. 통계학자들은 정보를 숫자로 표현한 뒤에, 이를 도표table 형태로 정리하고, 여기에서 모집단의 다양한 속성을 추출했다. 당시 통계학자들은 사실을 모으고, 정리하고, 출판해서 사회의 조건을 밝힌다는 것을 이념으로 삼았으며, 데이터를 해석하거나 의견을 제시하는 일은 회피했다. 사회가 어떤 방향으로 발전해야 하는가를 제시하는 일은 통계학이 아닌 정치경제학political economy의 역할이라고 생각했기 때문이다.

통계학이 도표를 주로 사용한 이유는 도표가 데이터를 정리하는 오래된 방식이었기 때문이다. 17세기부터 로그표가 만들어졌고, 18세기에 통계학을 주로 사용한 과학자인 천문학자들도 도표를 이용하던 사람들이었다. 게다가 도표는 특정한 정보를 찾아보기가 쉬웠다. 로그표가 있으면 예컨대 log11.2의 값을 금방 알 수 있었다. 19세기에 발명된 열차의 출발시각과 도착시각을 알리는 방식도 도표가 가장 좋았다. 반면에 09:37, 10:05, 10:42 같은 열차 출발시각을 그래프로 표현하면 이해하기 더 힘들어졌다. 통계학자들은 데이터를 과장하지 않고 보여주는 가장 진솔한 방법이 숫자를 나열하는 도표라고 생각했다.

그렇지만 18세기 말부터 그래프처럼 눈에 확 들어오는 방식으로 데이터를 시각화하는 방법이 등장했다. 그래프 같은 다양한 시각화의 발명은 가히 '데이터 시각화의 혁명'이라고 할 수 있는데, 흥미로운

　　　　　　　　　　　　　　3. 이미지의 생명력과 현대 과학

사실은 그 당시에는 이런 시각화가 널리 환영받지 못했다는 것이다. 통계학자들은 숫자로 표현한 데이터만이 사실이며, 이를 그림으로 그릴 때 사실의 왜곡이 나타난다고 생각했기 때문이다. 따라서 데이터의 시각화는 수학계 출신의 통계학자가 아니라, 모험가, 건달, 엔지니어, 간호사 같은 '주변인'의 손에 의해 그 꽃을 피웠다. 이번 장에서는 18~19세기 데이터 혁명을 가져온 모험가(훔볼트), 건달(윌리엄 플레이페어), 엔지니어(미나르), 간호사(나이팅게일)의 삶과 업적을 살펴보려 한다.

알렉산더 폰 훔볼트

19세기 전반기에 살았던 유럽의 과학자 중에서 가장 유명했던 사람은 누구일까? 갈릴레오와 뉴턴은 17세기 사람들이고, 앙투안 라부아지에와 피에르시몽 라플라스는 18세기 과학자라고 할 수 있다. 제임스 클러크 맥스웰이나 찰스 다윈은 19세기 후반기에 주로 활동했던 과학자이다. 19세기 전반기를 대표하는 과학자로는 원자론을 제창한 존 돌턴이나 전자기 유도를 발견한 마이클 패러데이가 있다. 그런데 아마 당시 사람들에게 물어보면 이 시기를 대표하는 과학자로 알렉산더 폰 훔볼트(1769~1859)를 꼽을 것이다(그림 1). 지금도 그의 이름을 딴 도시, 해류, 동물, 식물을 어렵지 않게 찾아볼 수 있을 정도로 그는 과학의 여러 분야에 큰 발자국을 남겼다.

▶ **그림 1** 자신이 탐험한 침보라소산 앞에 서 있는 훔볼트. 1810년에 독일 화가 프리드리히 게오르크 바이치가 그렸다.

훔볼트는 프로이센 귀족 집안에서 태어났다. 괴팅겐대학교를 비롯해 몇몇 학교에서 재정학, 식물학 등을 공부했고, 프라이부르크 광산학교에서 광물학을 더 공부했다. 훔볼트는 프로이센 정부의 광산 감독관이라는 직업을 가졌지만, 이 일에 만족하지 못하고 1799~1804년 사이에 식물학자 에메 봉플랑과 함께 남미 탐험에 나섰다. 탐험 중에 그는 독충과 맹수에 의해 죽을 뻔한 고비를 여러 번 넘겼으며, 쿠바, 멕시코, 미국의 문화도 관찰하고 기록했다. 그가 프랑스어로 쓴 남아메리카 탐험기《훔볼트와 봉플랑의 신세계 적도 지역 여행기, 1814~1825》는 당대 엄청난 인기를 끈 베스트셀러였고, 곧바로 영어로 번역되어《신세계 적도 지역 여행에 대한 사적인 서사, 1814~1829》라는 제목으로 출간되었다. 독일을 비롯해 유럽 각국은 훔볼트의 전통을 이어받아 과학자들을 보내 세계를 탐험하게 했고, 과학자들은 그곳의 동식물, 온도, 자기장, 식수, 원주민의 분포, 언어, 풍습 등을 관찰하고 기록해서 보고했다. 이런 연구는 호기심의 산물인 경우도 있었지만, 유럽이 신대륙을 점령하고 자국인들을 보낼 때 기초 자료로 활용되는 제국주의적 과학이기도 했다.(이별빛달빛 2020; 울프 2021)

훔볼트는 남미 탐험을 하면서 당시까지 최고봉으로 알려진 에콰도르의 침보라소산(Chimborazo, 6268미터)을 무산소로 등정했다. 그는 망원경, 기압계, 온도계 같은 장비를 잔뜩 챙겨 등산하면서, 일정 거리를 오를 때마다 온도와 기압을 측정했고, 그곳에서 자라는 식물과 이끼를 수집했다. 그는 5500미터 이후에는 식물이 자라지 않음을 발견했으며, 이때 겪은 고산병에 대한 세계 최초의 기록을 남기기도 했다. 훔볼트는 고도가 높아지면서 온도가 달라지고, 이 달라지는 온도에 맞게 식물군이 변함을 발견했다. 지금 관점에서 보면 이런 생태계라

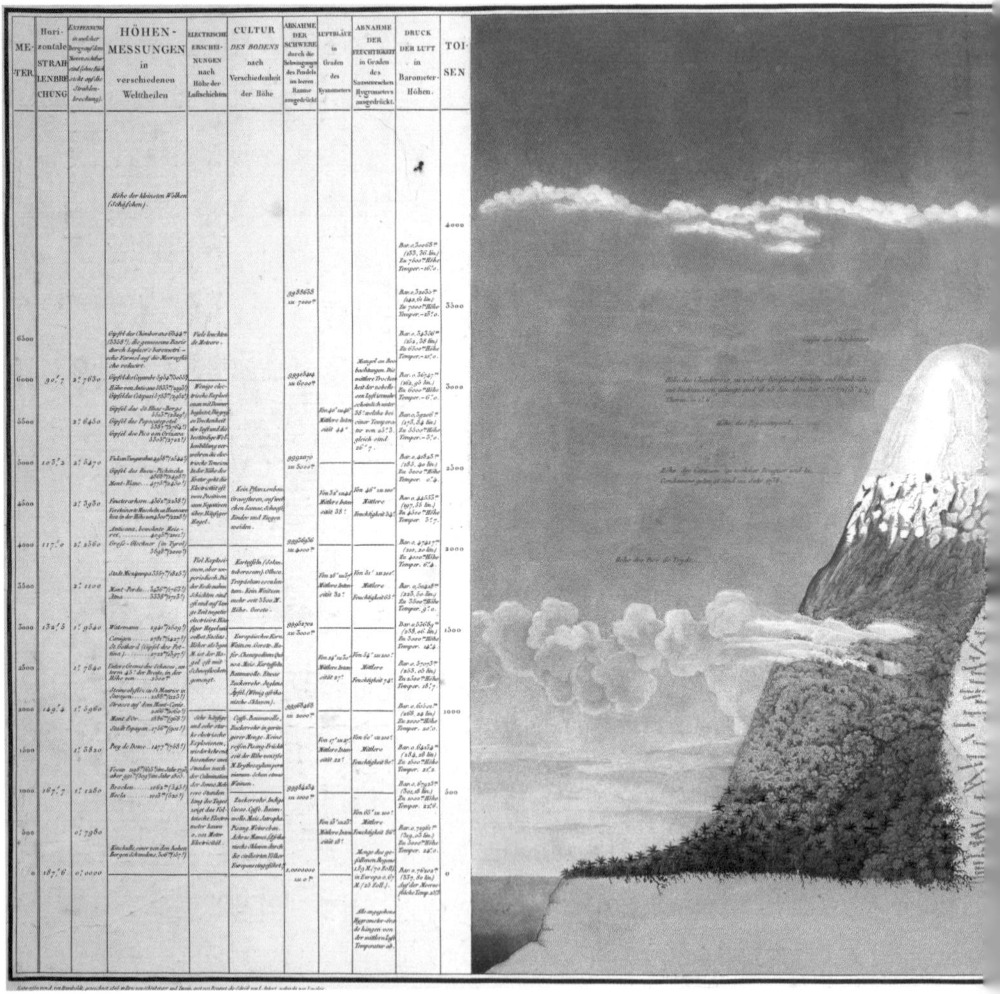

▶ **그림 2** 훔볼트의 '자연 그림'(1807)

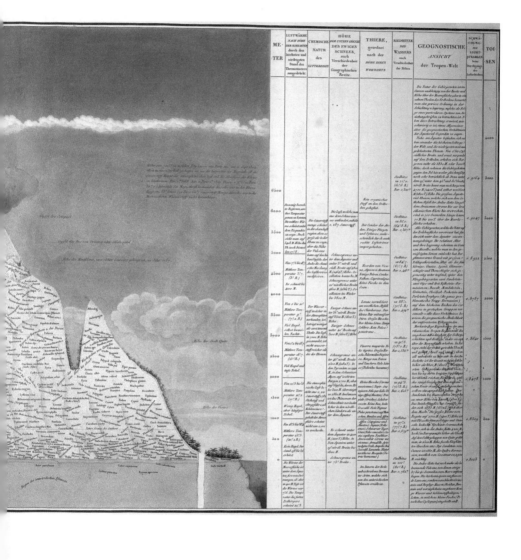

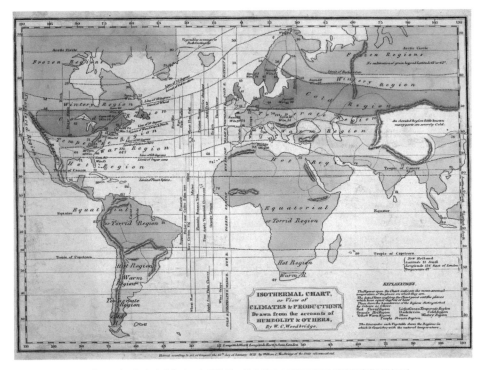

▶ **그림 3** 훔볼트의 등온선 세계지도(1825). 같은 위도상에 있다고 평균 기온이 같지 않음을 보여준다.

는 관념은 당연하지만, 당시에는 낯설고 새로운 발견이었다. 그는 발견한 모든 것을 '자연 그림Naturgemälde'이라고 명명한 한 장의 그림에 담았는데(그림 2), 이 그림은 지질과 식물군의 분포, 즉 생태계를 한눈에 보여주는 것이었다.

이 그림에 그려진 침보라소산의 왼편은 사실적인 산의 그림이고 오른편에는 산을 자른 단면에 식물의 분포가 적혀 있다. 왼쪽과 오른쪽

3. 이미지의 생명력과 현대 과학

의 칼럼에는 산의 고도에 따라서 측정한 온도, 습도, 토양에 대한 정보를 적어놓았다. 이 그림은 수많은 복잡한 정보를 하나의 그림에 종합해서 기록했으며, 미학적인 차원에서도 강렬했다. 특히 고도(온도)에 따른 생태계의 차이를 한눈에 들어오도록 표현했다. 복잡한 정보를 단순하게, 동시에 미학적으로 표현하는 것이 데이터 시각화를 하는 사람들의 목표라면, 훔볼트의 자연 그림은 이런 목표를 멋지게 달성한 것이었다.

훔볼트는 이 탐험을 통해 같은 평균 기온을 가지는 등온대의 중요성을 이해했다. 그는 세계를 여행하면서 온도를 기록해서 위도가 같아도 평균 기온이 다르다는 것을 발견했고, 기온이 같은 지역을 연결하는 등온선의 개념을 제창했다. 그 이전까지 과학자들은 위도가 같으면 평균 기온이 같을 것이라고 가정했다. 훔볼트는 이런 가정이 잘못된 것임을 보였으며, 이후 등온선 관측에 기반해서 기온이 같으면 비슷한 문화를 가진 문명이 발전한다는 일종의 기후결정론적인 사회 이론을 제창했다. 훔볼트 이후 과학자들은 평균 기온에는 위도 이외에 해류, 그 지역의 높은 산 등이 영향을 미친다는 사실을 알아냈다. 지도 위에 그려진 등온선은 지리학과 기상학 분야에서 중요한 시각화 전통의 출발점이 되었다(그림 3).

윌리엄 플레이페어

영국에서는 훔볼트와 거의 같은 시기에 발명가이자 사업가인 윌리엄 플레이페어(1759~1823)가 통계 데이터를 시각화하는 데 중요한 역할을 했다. 플레이페어는 스코틀랜드 계몽사조기에 리프라는 마을에서 태어났다. 열두 살 차이가 났던 그의 형은 에든버러대학교의 자연철학 교수가 된 존 플레이페어였다. 플레이페어 형제의 아버지는 일찍 돌아가셨고, 존은 동생 윌리엄에게 수학, 철학 같은 학문을 직접 가르쳤다. 윌리엄은 형을 통해 애덤 스미스 같은 경제학자를 알게 되었으며, 경제학과 수학에 대한 그의 관심을 발전시킬 수 있었다. 그렇지만 형인 존이 당시 모든 이들의 존경을 받는 학자의 길을 걸었음에 반해, 윌리엄은 발명가, 기업가, 탐험가, 대장장이, 상인, 투자 브로커, 편집자, 은행가, 저널리스트, 스파이 등 숱한 직업을 전전했다. 그는 프랑스 혁명 정부를 전복시키기 위해 위조지폐를 대량 발행해서 몰래 유통했다고 알려져 있으며, 1790년대에 사기 혐의로 런던에서 감옥살이를 했다. 형인 존 플레이페어는 천재 학자로 명성이 높았지만, 윌리엄은 당대에 유명한 '건달'이었다(Berkowitz, 2018).

1786년에 윌리엄 플레이페어는 《상업적이고 정치적인 지도책》을 출판했다. 이 책의 초판에는 44개의 그래프와 1개의 막대그래프가 수록되어 있었다. '지도책'이라는 제목을 달고 있었지만, 책에는 한 장의 지도도 나오지 않았다. 그는 이 책에서 영국과 스코틀랜드의 경제와 관련된 여러 통계 자료를 그래프로 시각화했는데, 그의 동기는 시간

3. 이미지의 생명력과 현대 과학

에 따른 변화를 일목요연하게 이해하려는 데 있었기 때문이었다. 그런데 이런 그래프를 그려놓고 보니 예상치 못한 새로운 이점이 발견되었다. 흩어져 있고 연결이 안 되는 것처럼 보였던 여러 데이터가 그래프에서는 연결된 것으로 드러났기 때문이다. 플레이페어는 그래프의 이점을 다음과 같이 정리했다.

> 저는 이 주제에 대한 제 생각을 정리하기 위해 처음 도표를 그렸는데, 그것은 그동안 일어난 변화에 대한 뚜렷한 아이디어를 갖는 것이 매우 번거로웠기 때문입니다. (그런데 그래프를 그리고 보니) 매우 넓고 복잡한 보편적 역사의 영역에 흩어져 있는 세부 사항들, 때로는 서로 연결되고 때로는 그렇지 않은 사실들, 그리고 언급될 때마다 항상 성찰이 필요한 사실들을 한눈에 볼 수 있게 함으로써 기대 이상의 목적에 부합한다는 것을 알았습니다.(Smith 2019)

플레이페어가 그린 그래프들은 주로 국가의 재정과 관련된 것이었다. 어떤 그래프는 영국의 경제가 꾸준히 발전하고 있음을 보여주는 것이었고, 또 다른 그래프는 경제가 발전하면서 나라의 빚도 꾸준히 증가하고 있음을 보여주는 것이었다. 또 다른 그래프는 영국이 다른 나라에 비해 과하게 세금을 걷고 있다는 경향을 드러냈다. 이런 그래프는 '가치value'를 담고 있는 것은 아니었지만, 나라의 재정 정책이나 조세 정책이 어떤 방향으로 나아가야 하는지를 가리키고 있었다.
  영국의 수출입을 그린 그래프(그림 4)는 그의 가장 유명한 그래프

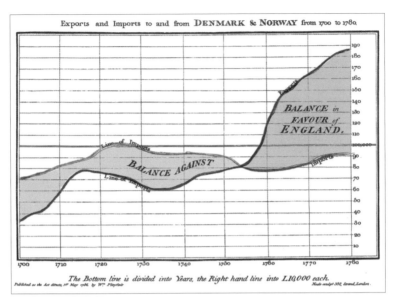

Exports and Imports to and from DENMARK & NORWAY from 1700 to 1780

BALANCE in FAVOUR of ENGLAND.

BALANCE AGAINST

Line of Imports

Line of Imports

Imports

The Bottom line is divided into Years, the Right hand line into L10,000 each.

▶ **그림 4** 1700–1780 영국과 덴마크–노르웨이의 수출과 수입(《상업적이고 정치적인 지도책》, 1786에 수록).

중 하나이다. 그래프는 영국과 덴마크-노르웨이 사이의 수출과 수입을 표시했는데, 붉은 선이 영국의 수출, 노란 선이 영국의 수입이다. 가로축은 시간인데, 1700년부터 1780년까지의 80년이란 기간이 10년 단위로 나뉘어 있다. 세로축은 수입액, 수출액이며, 눈금 하나가 1만 파운드에 해당한다. 그래프를 보면 1700년부터 1750년대 초반까지는 영국의 수입이 수출보다 많았다. 즉, 무역 수지가 적자였다. 그러다가 대략 1753~1754년부터 무역 수지가 흑자로 바뀌는데, 수입은 대략 비슷함에 비해서 영국의 수출이 급격하게 늘어남을 볼 수 있다. 플레이페어도 언급했듯이, 특히 그래프는 경향성trend을 나타내는

3. 이미지의 생명력과 현대 과학

데 용이하다. 위의 경우에 영국의 흑자는 수출이 증가해서 발생한 것인데, 이 원인을 찾다 보면 특정 품목의 수입이 급증한 것인지, 아니면 전반적인 수출이 모두 증가한 것인지를 알 수 있다.

영국의 나랏빚 곧, 국채國債의 증감을 그린 그래프(그림 5)에는 연도, 국채의 금액 외에 중요한 역사적 사건이 같이 기록되어 있다. 이 그래프를 보면 국내의 사건보다 해외의 여러 사건이 국채와 관련 있음을 알 수

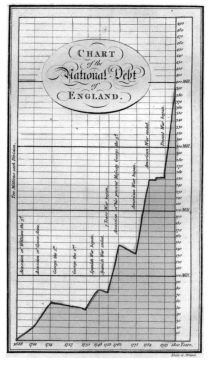

▶ **그림 5** 1688–1800 영국의 국채 증가(《상업적이고 정치적인 지도책》 3판, 1801에 수록).

있다. 특히 전쟁의 발발이 국채를 빠르게 증가시킴을 잘 보여준다. 1755~1762년 사이의 7년 전쟁, 1775~1784년 사이의 미국 독립 전쟁, 그리고 1793년의 나폴레옹 전쟁 동안에 영국의 국채는 가파르게 증가했다.

플레이페어는 막대그래프bar chart도 최초로 사용했다. 그는 1781년

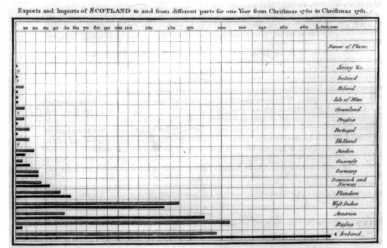

The Upright divisions are Ten Thousand Pounds each . The Black Lines are Exports the Ribbed lines Imports.

▶ **그림 6** 1781년 한 해 동안 스코틀랜드가 다른 나라와 한 교역을 나타낸 막대그래프(《상업적이고 정치적인 지도책》, 1786에 수록).

한 해 동안 스코틀랜드가 다른 나라들과 어떻게 교역했는가를 보여주기 위해 막대그래프를 이용했다(그림 6). 이 통계는 연도에 따른 변화가 아니라, 한 시점에 다른 여러 나라를 비교하는 것이기에 일반 그래프는 적절하지 않았다. 막대그래프의 검은색 막대는 스코틀랜드의 수출이고, 그보다 옅은 색의 막대는 수입이다. 그래프를 보면 스코틀랜드는 아일랜드와의 교역량이 가장 많고 무역에서 가장 큰 수익을 보고 있으며, 두 번째 교역국은 러시아인데 러시아와는 무역 수지가 적자임을 쉽게 알 수 있다.

플레이페어의 또 다른 기여는 원형 그래프(파이 차트pie chart)였다.

3. 이미지의 생명력과 현대 과학

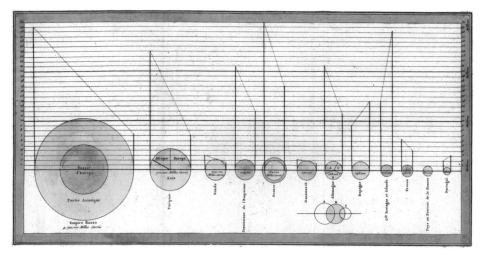

▶ **그림 7** 유럽 각 나라의 크기, 인구, 인구 구성, 정부 재정 등을 비교한 그래프(《통계 요약본》, 1801에 수록).

그는 1801년에 출판된 《통계 요약본Statistical Breviary》이라는 책에서 유럽 각 나라의 크기, 인구, 인구 구성, 정부 재정 등을 비교하는 그래프를 그렸다(그림 7). 각 나라를 구성하는 큰 원은 영토의 크기에 비례하며, 원의 내부에는 인구에 대한 정보를 담고 있다. 그가 왼쪽에 가장 크게 그린 러시아는 영토가 가장 넓고, 인구는 크게 유럽계와 아시아계의 두 부류로 나뉜다. 전자와 후자의 구성 비율이 가운데 붉은 원과 둘레의 초록색 원의 비율이다.

흥미로운 그림은 두 번째 튀르키예 제국이다. 튀르키예 제국의 시민은 아시아계, 아프리카계, 유럽계의 세 부류로 구성되어 있는데, 이 셋을 비교하는 데에는 동심원이 적절하지 않다. 플레이페어는 이 비

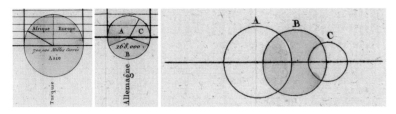

▶ **그림 8** 튀르키예 제국과 독일 제국의 국가 현황을 나타낸 첫 원형 그래프(《통계 요약본》, 1801에 수록).

율을 표시하기 위해 최초로 원형 그래프를 이용했다(그림 8 왼쪽). 그래프를 보면 유럽계가 대략 25%, 아시아계가 60%, 그리고 나머지 15% 정도가 아프리카계임을 알 수 있다. 이런 비율을 표시하는 데에는 원형 그래프가 가장 적절하다.

독일 제국은 오스트리아, 황제의 통치권, 프로이센, 이렇게 셋으로 나뉘어 있었는데, 플레이페어는 이를 각각 A, B, C의 다른 색깔로 표시했다. 이 경우에 다른 색깔은 인종 구성이 아니라, 세 제국의 면적이 분할되어 있음을 보여주고 있다(그림 8 중앙). 흥미로운 사실은 그가 이 세 지역의 이해관계를 중첩해서 그려놓았다는 것이다(그림 8 오른쪽). 여기서 A와 B는 이해관계가 중첩되고, B와 C도 이해관계가 중첩된다. 그렇지만 A와 C 사이에는 이런 중첩이 없다. 이 그림은 정량적인 것도, 엄밀한 스케일에 근거한 것도 아니며, 대략 이해관계가 겹친다는 사실만을 보여주는 그림이지만, 이후 수학과 통계에서 많이 사용된 벤다이어그램Ben Diagram의 효시라고도 할 수 있다.

플레이페어는 각 나라의 원 위에 두 개의 직선을 그렸다. 왼쪽 긴

3. 이미지의 생명력과 현대 과학

직선은 인구이며, 오른쪽 짧은 직선은 정부 총지출이다. 두 직선의 끝은 점선으로 연결되어 있다. 러시아나 튀르키예처럼 인구는 많은데 정부 지출이 적으면 어떻게 될까? 플레이페어는 인구는 많지만 정부 지출이 적다면 정부가 국민으로부터 거둬들이는 게 적다고, 즉 세금을 적게 걷는다고 해석했다. 그림을 보면 러시아나 튀르키예와 정반대의 나라가 영국이다. 오른쪽에서 네 번째에 그려진 영국의 경우, 인구는 적당한데 정부의 지출은 매우 크다. 세금을 많이 걷으면 국민의 삶이 퍽퍽해진다고 생각한 플레이페어는 영국 정부가 과도한 세금을 줄여야 한다고 주장했다.

그렇지만 이 기울기를 세금으로 해석하는 것은 문제가 있다. 인구와 지출만이 아니라, 원의 지름, 즉 국토의 면적도 기울기를 변화시키기 때문이다.(Spence 2005; Tufte 2001, p. 45) 그리고 정부 지출이 높은 것은 세금을 많이 거두기 때문일 수도 있지만, GDP가 높아서라고, 즉 나라가 잘살기 때문이라고 해석할 수도 있다. 재정과 GDP는 대체로 비례하기 때문이다. 정부의 재정이라는 것이 여러 가지 방식으로 해석될 수 있었기 때문에, 이 그림만 보고 정부가 잘하고 있는지 아닌지를 평가하기는 어렵다. 세금이 적은 나라는 국민에게 편안한 삶을 제공할 수도 있지만, 정말 가난해서 걷을 세금이 없기 때문일 수도 있다. 데이터의 시각화는 우리에게 바른길을 제시할 수 있지만, 우리의 생각을 오도할 수도 있다.

플레이페어는 자신의 책이 영국에서 널리 읽히리라 생각했다. 그렇지만 영국에서의 반응은 신통치 않았다. 18세기 후반부터 점차 늘어나기 시작한 영국의 통계학자들은 그림보다는 숫자와 표를 중시했기 때문이다. 그는 오히려 프랑스에서 자신의 책이 인기를 끌고 있음을 발견했다.

1787년 프랑스에 갔을 때 그곳에서 (내 책의) 사본 여러 권을 발견했는데, 그중에는 한 영국 귀족이 베르사유의 왕에게 보낸 사본이 있었습니다. 그는 이 사본을 왕에게 선물했고, 왕은 지리학에 대해 잘 알고 있었기 때문에 이를 쉽게 이해하고 큰 만족감을 표시했습니다. 이 상황은 나중에 특정 제조업에 대한 독점적인 특권을 요청했을 때 내게 도움이 되었습니다. 내 연구는 프랑스어로 번역되었고, 과학아카데미는 기하학을 회계에 적용한 것에 대해 찬성을 표명했으며, 루브르 박물관에서 열리는 회의에 참석할 수 있게 초대했고, 동시에 그 회의에서 의장 옆자리에 앉을 수 있는 영광을 안겨주었습니다.(Funkhouser 1937)

왜 영국에서는 별로 주목을 받지 못했던 플레이페어의 그래프가 프랑스에서는 화제가 되었을까? 한 가지 이유는 영국에서 플레이페어는 유명한 '건달'이었고, 신뢰하기 힘든 사람이라는 평판이 있었기 때문이다. 그렇지만 또 다른 이유는 프랑스에서 데이터 시각화의 전통이 꽤 일찍부터 발전했기 때문이었다.

샤를 조제프 미나르

18세기 프랑스는 유럽 과학의 최고봉이었다. 최고의 과학자들로 구성된 프랑스 과학아카데미는 정부의 전폭적인 지원을 받았고, 종신 회원이 되면 정부로부터 월급과 연구비를 지원받아 연구에 몰두할 수 있었다. 여기에 프랑스 정부는 일찍부터 기술자를 양성하는 고급 기술학교를 설립하고 과학과 실무로 무장한 엘리트 엔지니어들을 양성했다. 1747년에 국립교량도로학교École des ponts et chaussées를 설립했고, 1783년에 국립고등광업학교École des mines를 설립했다. 이런 학교들은 상류층 자제만 입학할 수 있었는데, 프랑스 혁명(1789년) 이후에 모든 국민에게 문을 연 에콜 폴리테크니크École Polytechnique(1794년)가 설립되었다. 이런 학교들은 당시에도, 또 지금도 프랑스 최고의 엘리트 엔지니어들을 배출하고 있다.

프랑스에서 진행된 데이터의 시각화는 이런 과학·엔지니어링 전통의 맥락 속에서 이루어졌다. 필립 부아쉬(1700~1773)는 아카데미의 회원이자 프랑스 국왕의 첫 궁정 지리학자로, 탐험가들의 기록을 바탕으로 당시 알려지지 않았던 미국의 캘리포니아 지역의 지도를 그리고, 남극 근처에 거대한 대륙이 존재한다고 추정했던 인물이었다. 그는 수많은 지도를 제작한 것 외에도 흥미로운 과학적 관찰을 수행하곤 했는데, 그가 한 관찰 중에 1732년부터 1767년까지 매년 파리의 센강의 수위 변동을 기록한 것이 있었다(그림 9). 흥미롭게도 그는 이 기록을 막대그래프로 나타냈는데(1770년), 부아쉬의 그래프는 플

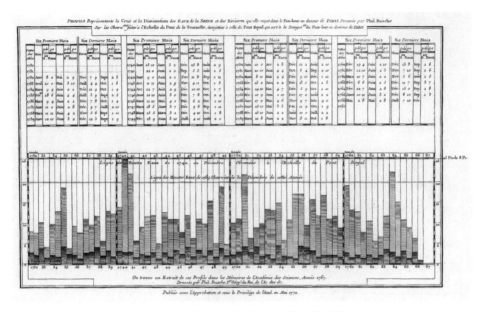

▶ **그림 9** 1732년부터 1767년까지 센강의 수위 증가 및 감소를 나타낸 그래프(필립 부아쉬, 1770).

레이페어가 1786년에 그린 막대그래프보다 한참 앞선 것이었다. 물론 부아쉬의 막대그래프bar chart는 글자 그대로 센강의 수위를 막대bar로 재서 기록한 결과를 그림으로 보여준 것이었고, 플레이페어의 막대그래프는 스코틀랜드의 눈으로 바로 보이지 않는 수출을 추상화해서 시각화한 것이었다. 추상성의 정도에서 플레이페어는 한 단계 더 나아갔다.

샤를 조제프 미나르(1781~1870)는 프랑스 엔지니어링 전통의 계승자였다. 어릴 때부터 총명했던 그는 에콜 폴리테크니크에 입학해

　　　　　　　　　　　　　　3. 이미지의 생명력과 현대 과학

서 과학과 엔지니어링을 배운 뒤에, 다시 국립교량도로학교에서 토목공학을 전공했다. 그는 1810년부터 1830년까지 현장에서 토목공학자로 일했고, 1830년에 자신이 졸업한 국립교량도로학교의 감독관을 하면서 교량 감찰관으로 근무했다. 대략 1840년부터 미나르는 화물과 승객의 이동에 대한 데이터를 시각화하는 일을 시작했다. 1845년에 미나르는 프랑스 지도를 이용해서 디종과 뮐루즈를 연결하는 다양한 철도 루트의 차량 운행량을 그림으로 나타냈다. 이는 데이터 시각화를 연구하는 사람들에 의해 첫 번째 흐름 지도flow map라고 평가된다.(Friendly 2002)

미나르가 유명해진 것은 그가 1869년에 그린 나폴레옹 원정도 때문이다. 나폴레옹은 유럽 정복의 꿈을 꾸고 동맹국들을 설득한 뒤에 1812년 6월에 난공불락으로 알려진 러시아 정복에 나섰다. 러시아는 나폴레옹 연합군의 위력을 잘 알고 있어서 정면 대결을 하는 대신 저항을 하다가 후퇴하고, 후퇴하면서 프랑스군이 도착할 마을을 불살라서 보급을 차단하는 전략을 사용했다. 나폴레옹 군대는 전쟁, 병마, 추위, 식량 부족으로 사망자가 늘어갔고, 결국 현저히 줄어든 병력으로 9월에 모스크바에 도착했다. 그런데 모스크바에서 대화재가 연속적으로 일어나서 여기에 머무는 것이 불가능해졌고, 결국 철수를 결정했다. 프랑스로 돌아오는 도중에 치른 일련의 전투에서의 패배로 나폴레옹은 대부분의 군대를 잃었고, 이는 결국 나폴레옹이 몰락한 가장 큰 원인이 되었다.

미나르는 나폴레옹의 러시아 원정 과정을 하나의 흐름 지도로 나

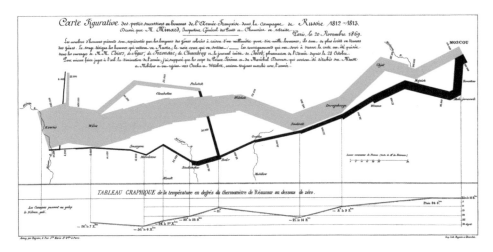

▶ **그림 10** 나폴레옹의 러시아 원정도(미나르, 1869).

타냈다(그림 10). 여기서 황색 흐름은 나폴레옹이 모스크바로 진격해 갈 때의 군대를 표현한다. 반대로 검은색 흐름은 러시아에서 퇴각할 때 나폴레옹 군대를 나타낸 것이다. 맨 왼쪽에 있는 지점은 현 리투아니아에 있는 네만강이다. 나폴레옹은 네만강을 건너면서 러시아 정복을 선언했는데, 이때 그의 병력은 42만 명이었다. 오른쪽 종착점이 모스크바이다. 그가 모스크바에 도착하고 퇴각할 때 병력은 10만 명이었다. 그런데 몇 달 뒤에 다시 네만강에 도착했을 때는 불과 1만 명의 병력만이 남아 있었다. 42만 명 대 1만 명. 왼쪽 끝에 있는 황색 그래프와 검은색 그래프의 폭이 이 차이를 극명하게 보여준다. 데이터 시각화를 연구한 에드워드 터프트는 미나르의 이 지도가 "지금까지 그

3. 이미지의 생명력과 현대 과학

려진 통계 그래프 중 최고"라고 평가한다.(Tufte 2001, p. 40)

미나르는 이 흐름 지도에 병력의 숫자만을 기록한 것이 아니다. 그는 주요 강, 주요 도시, 그리고 그곳에 도착한 날짜를 기록했다. 지도를 이용했기 때문에, 각각의 위치는 정확한 위도와 경도에 해당하고, 황색과 검은색의 흐름은 행군 방향을 표시하고 있다. 여기에 그는 가장 중요한 변수로 온도를 기록했다. 흔히 모스크바에 도착했을 때 프랑스 병사들이 추위로 사망했다고 알려졌지만, 이 지도를 보면 원정 초기가 혹한기였다. 나폴레옹이 베레지나강을 건널 때 기온은 지도에 기록된 레오뮈르Réaumur 온도˚로 영하 20도, 섭씨로는 영하 25도였다. 모길료프를 지난 뒤에는 기온이 올라서 모스크바에 도착했을 때는 0도 정도로 오히려 따듯한 편이었다. 그럼에도 병사 숫자는 계속 감소했다. 왜 그랬을까?

미나르는 "내 그래프 표와 그림 지도의 가장 중요한 특징은 가능한 숫자로 나타난 결과의 비율을 즉각적으로 눈으로 이해하게 하는 것"이라고 자평했다. 그는 자신의 지도가 말을 할 뿐만 아니라, 더 나아가 눈으로 셈을 하고 계산을 한다고 보았다. 19세기 데이터 시각화를 연구한 M. 프렌들리는 미나르가 "시각적 사고, 시각적 설명"의 장을 열었다고 높게 평가했다.(Friendly 2008) 이런 평가에 반대할 사람은 많지 않은데, 그의 나폴레옹 원정 지도는 정말 충격적일 정도로 뛰

• 열씨온도(°Re). 얼음의 녹는점을 0도, 물의 끓는점을 80도로 하는 단위이다.

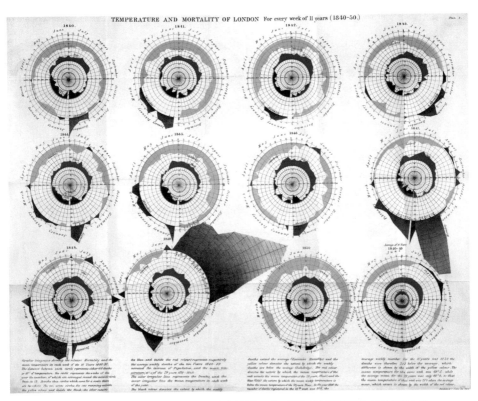

▶ **그림 11** 콜레라에 의한 사망을 기록한 윌리엄 파의 북극 그래프. 왼쪽 위가 1840년이고, 일 년 단위로 사망률을 기록한 것이다.

어나기 때문이다. 다만 이 그래프만으로는 왜 나폴레옹의 군대가 이렇게 지속해서 줄어들었는가에 대한 답을 얻을 수 없다. 이 흐름 지도에는 치열했던 주요 전투들이 표시되어 있지 않다. 이 지도에는 나폴레옹이 모스크바에서 한 달 정도 머물렀다는 사실도 나타나지 않는다. 이 지도에는 나폴레옹이 자랑하던 기병이 말에 유행한 전염병으로 와해했다는 사실도 나타나 있지 않다. 이 지도만 보면 나폴레옹의 군사 대부분은 얼어 죽은 것처럼 보이지만, 이는 사실과 다르다. 앞서 얘기했듯이, 그림은 보여주는 것도 있지만 감추는 것도 있다.(Kraak 2014, Ch. 2)

미나르가 활동하던 시기에 윌리엄 파라는 영국 의사가 프랑스에서 통계학을 공부하고 있었다. 그는 프랑스 통계학자와 교류했고, 데이터를 시각화하는 데 앞서 나갔던 프랑스 통계학자들과 친분을 가지고 있었으며, 이들로부터 영향을 받았다. 특히 원형 도표 안에 매달 달라지는 바람의 방향을 그려 넣었던 프랑스 엔지니어의 시각화 방식에 깊은 영향을 받았다.(Friendly and Andrews 2021) 런던으로 돌아간 파라는 보건의학 분야의 선구자로 활동하면서 1847년과 1849년에 유행했던 런던 콜레라에 의한 사망자를 원을 사용해서 시각화했다(그림 11). 그는 원형 그래프가 아닌 '북극 그래프polar chart'(마치 북극에서 지구를 본 모습이라고 해서 이런 이름이 붙었음)를 그렸는데, 그 역시 기온이라는 변수에 주목했다.

그의 원 모양의 그래프 각각은 일 년을 나타내고, 이 일 년은 52주로 나뉘어 있다. 가운데 원은 기온인데, 붉은색은 평균 기온보다 높은 주, 검은색은 낮은 주를 나타낸다. 바깥 원은 사망자인데 노란색은 런던의 시민이 평균 사망률보다 적게 죽은 주이고, 검은색은 평균 사망률보다 많이 죽은 주이다. 검은 그림자에 주목하면 언제 죽음이 덮쳤는지를 알 수 있다. 이렇게 보면 1849년 여름(맨 아랫줄 왼쪽에서 두 번

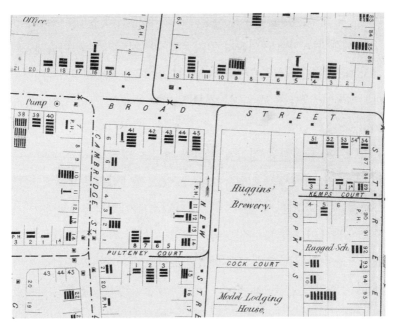

▶ **그림 12** 존 스노가 그린 콜레라 발병 지도의 일부. 소호 지역의 브로드 거리 주변을 보여주고 있는데, 왼쪽 위 상단의 펌프(◉) 주변의 집들에서 콜레라가 발병했음을 보여준다.

째)에 엄청나게 많은 사람이 갑자기 죽었음을 알 수 있다. 콜레라가 유행했던 것인데, 이때 기온도 꽤 높았다. 그런데 1847년 늦가을과 겨울(중간 줄 맨 오른쪽)에도 콜레라의 유행으로 사람이 많이 죽었지만, 기온은 낮았다. 파는 기온에 주목했지만, 이 그래프들은 오히려 콜레라와 기온은 직접적인 연관이 없다는 것을 보여주고 있었다.

파가 주목한 또 다른 변수는 템스강의 수위였다. 그는 강의 수위가 높아질 때 강에서 나쁜 공기인 미아즈마miasma가 발생해서 이것이

3. 이미지의 생명력과 현대 과학

콜레라를 옮긴다고 생각했다. 그는 템스강의 수위와 콜레라의 발병이 연관이 있고, 강에서 멀리 떨어진 지역일수록 콜레라가 덜 발발한다는 사실을 발견했다고 주장했다. 하지만 미아즈마 이론은 그의 경쟁자였던 존 스노가 공기가 아닌 오염된 물이 콜레라를 옮긴다는 것을 설득력 있게 증명한 뒤에 힘을 잃었다. 스노는 사망률 그래프 대신에 콜레라가 발병한 집을 런던 지도에 찍었고, 이들이 똑같이 오염된 물을 식수로 사용했다는 사실을 밝혀냈다(그림 12). 파의 방법은 아니었지만, 스노의 지도는 데이터의 시각화가 새로운 사실을 밝히는 데 사용된 흥미로운 사례를 제공했다.

플로렌스 나이팅게일

파를 존경하면서 그와 가깝게 활동했던 인물이 플로렌스 나이팅게일이었다. 그녀는 파의 북극 그래프의 영향을 받아 장미 그래프rose chart, 또는 닭벼슬 그래프coxcomb chart라고 불리는 흥미로운 시각화 기법을 발명한 장본인이자, 런던통계학회의 첫 여성회원으로 선출된 통계학자였다. 그렇지만 우리에게 나이팅게일은 "백의의 천사"로 유명하다. 위인전에는 나이팅게일이 크림 전쟁 당시에 튀르키예의 스쿠타리 지역에서 야전 병원의 간호사로 일하면서 정성을 다해 환자들을 돌보고 치료함으로써 생명을 살렸고, 이런 활동을 통해서 근대 간호학의 토대를 정립한 인물로 나온다. 시인 헨리 워즈워드 롱펠로

는 〈산타 필로멜라〉라는 시에서 나이팅게일을 "램프를 든 여인"으로
묘사했다. 전등이 없던 당시, 나이팅게일이 램프를 들고 환자를 진료
했기 때문이다.

그녀는 이탈리아의 피렌체(플로렌스)에서 태어났지만(그래서 이름
을 플로렌스로 지었지만), 부모는 모두 영국인이었다. 아버지는 영국 최
고의 대학교인 케임브리지대학교를 졸업한 부호였고, 유럽여행 중에
나이팅게일을 이탈리아에서 낳았던 것이었다. 어린 나이팅게일은 가
족 여행을 할 때마다 출발시각, 도착시각, 여행한 거리를 기록했고, 자
신이 방문한 지역의 관습과 제도 사이의 관계를 분석할 정도로 총명
했다. 그렇지만 당시 여성은 대학교에 진학할 수 없었기에, 그녀는 어
머니가 물색해준 가정교사에게 수학을 배우는 데 만족해야 했다. 그
녀는 신의 부름을 받고 신을 위해 봉사하는 길이 무엇인가를 고민하
다가 간호사가 되기로 했는데, 이런 결정은 당시 나이팅게일처럼 상
류사회 여성의 삶과는 거리가 먼 결정이었다. 당시 간호사가 교육받
는 정식 학교도 없었고, 간호사라는 직업은 문란한 하층 계급의 여
성이 택하는 직업이라는 인식이 지배적이었다. 그렇지만 그녀는 가
족의 반대에도 뜻을 굽히지 않았고, 결국 나이팅게일의 부모는 그녀
를 이기지 못하고 생활할 수 있는 약간의 돈을 줘서 그녀를 독립시켰
다.(Cohen 2006)

나이팅게일은 독일과 프랑스에서 간호학을 공부하고 가능한 한 많
은 병원을 방문해서 업무를 관찰했다. 그리고 런던에 있던 여성 전용
정신병원에서 첫 일을 시작했다. 여기에서 나이팅게일은 소모품, 음

3. 이미지의 생명력과 현대 과학

식, 환자의 상태, 청결 등을 꼼꼼하게 기록하고, 이를 비교하면서 개선점을 찾아나갔다. 병원의 상태는 한층 좋아졌고, 그녀의 이름은 더 알려졌다. 1854년에 러시아가 튀르키예를 침공하면서 영국과 프랑스가 튀르키예를 돕기 위해서 병력을 파견했다. 부상한 군인은 야전 병원으로 옮겨졌는데, 당시 야전 병원의 상태는 참담했다. 침상은 모자랐고, 담요는 더러웠으며, 환자복은 온수 세탁을 하지 않아 세균투성이였고, 음식과 환기도 엉망이었다. 병실 내에는 벼룩과 쥐가 돌아다녔고, 근처에는 하수구가 그대로 노출되어 있었다. 부상으로 이송된 환자가 감염병으로 사망하는 일이 다반사였다.

나이팅게일은 간호사 40명과 함께 크림 전쟁의 간호 업무를 자원했다. 도착한 뒤에 그녀는 야전 병원의 열악한 상황을 기록하고, 이를 본국에 있는 지인들에게 송고했다. 〈타임스〉 신문사는 특파원을 파견했고, 기자는 전장에서보다 병원에서 감염병으로 더 많은 젊은이가 죽어가는 현실을 낱낱이 보고했다. 담요, 환자복, 붕대, 소독약 같은 구호품이 급송되었고, 야전 병원의 위생 상태를 조사하는 위원회가 파견되었다. 당시에는 아직 세균이라는 개념도, 세균에 의한 감염이라는 개념도 없었지만, 나이팅게일과 위원회는 위생을 개선하는 것이 사망률을 줄이는 길이라는 것을 직감했다. 병원의 위생이 개선된 뒤에, 감염병으로 인한 병사들의 사망률은 뚝 떨어졌다. 전쟁이 끝난 뒤에 영국 정부는 병사들의 보건 문제를 조사하는 왕립 위원회를 출범시켰다. 이 모든 일을 나이팅게일이 혼자 한 것은 아니지만, 그녀의 활동이 이런 일련의 개혁을 끌어내는 데 결정적이었다는 사실에는 의

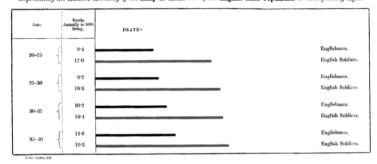

Representing the Relative Mortality of the **Army at Home** and of the **English Male Population** at corresponding Ages.

▶ **그림 13** 군인(붉은색)과 민간인(검은색)의 사망률을 비교한 나이팅게일의 그래프.

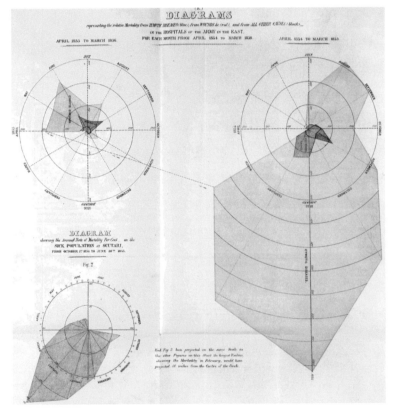

▶ **그림 14** 병원에서 감염병으로 사망한 병사의 숫자를 시각화했던 나이팅게일의 초기 시도.

심의 여지가 없다.

위원회의 조사 결과는 충격적이었다. 전쟁이 없는 경우에도 병사들의 사망률은 같은 나이 민간인 사망률의 거의 두 배였다. 병사 사망률은 1000명당 17~19명인데, 민간인은 8~11명에 불과했다. 나이팅게일은 이런 높은 사망률이 솔즈베리 평원에 세워둔 1100명의 젊은 병사를 매년 총살하는 것과 같은 효과를 가져온다고 하면서, 이를 내버려둔 영국 정부를 비판했다. 나이팅게일은 사망률의 차이를 극명하게 보여주기 위해 막대그래프를 이용했다(그림 13). 거의 모든 연령대에서 군인의 사망률(붉은색)은 삶의 질이 가장 떨어진다는 맨체스터의 민간인 사망률(검은색)의 두 배였다.

이 당시 나이팅게일이 고민했던 문제는 비위생적인 환경이 수많은 병사를 죽인다는 점을 어떻게 시각화할 것인가였다. 그녀는 크림 전쟁에서 모은 데이터를 가지고 있었는데, 핵심적인 문제는 이를 어떤 기법을 이용해서 시각화하고, 또 무엇과 비교해서 그 참혹한 실상을 가장 극명하게 드러내는가였다.

그림 14는 병원에서 감염병으로 죽은 사람들이 많다는 것을 나타내기 위해 나이팅게일이 그린 것으로, 소위 "박쥐 날개"라고 불린 초기 그래프이다. 여기서 위의 두 그래프가 비교 대상인데, 왼쪽은 위생이 좋아진 1855년 4월부터 1856년 3월까지 사망자이고, 오른쪽은 위생 혁신이 있기 전인 1854년 4월부터 1855년 3월까지의 사망자이다. 청갈색이 감염병으로 죽은 병사, 붉은색이 전쟁에서 입은 상처로 죽은 병사, 그리고 검은색은 기타 원인에 의해 죽은 병사이다. 눈

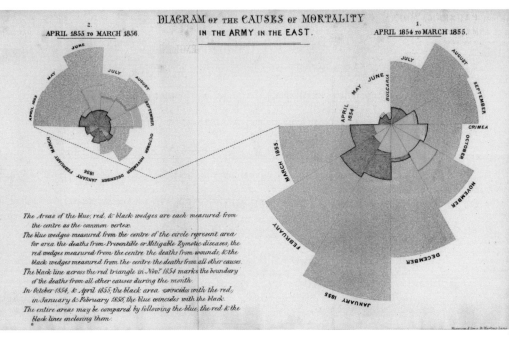

▶ **그림 15** "동부에서 군인의 사망 원인에 대한 도표"라는 이름이 붙은 나이팅게일의 '장미 그래프' 또는 '닭벼슬 그래프'(1858).

금 하나는 100명을 나타낸다. 그래프는 모두 8시 방향인 3월부터 시작하는데, 전쟁이 막 시작한 1854년 3~6월 사이에는 사망자가 거의 없다(위의 오른쪽 그래프). 7월에 150명 정도가 감염병으로 사망했고, 8~9월에 그 수는 300명으로 늘었다. 12월에는 600명이 넘었다가, 1855년 1월에는 1000명을 넘었다. 반면에 병원의 위생이 개선되면서, 1855년 3월에는 500명대, 4월에는 (왼쪽 그래프) 200명 안쪽으로

3. 이미지의 생명력과 현대 과학

줄어들었다. 9~10월이 되면 감염병으로 죽는 병사는 거의 사라진 것을 알 수 있다.

위의 설명에서 알 수 있듯이, 이 그래프는 그녀가 참고했던 파의 콜레라 그래프와 비슷했고, 기본적으로 원형으로 배열한 막대그래프였다. 그렇지만 나이팅게일은 이 막대그래프를 연결해서 막대가 아니라 마치 면적이 죽은 사람의 숫자를 의미하는 것처럼 보이게 했다. 면적에 주목하는 독자로서는 사망자를 4배 정도 부풀려 생각할 수 있었다. 그녀는 이런 문제를 인식하고, 길이를 사망자의 제곱근으로 잡아서 그래프를 다시 그리기도 했다.(Friendly and Andrews 2021) 나이팅게일은 이런 오류와 실패를 경험하면서 데이터를 시각화하는 적절한 방법을 찾아나갔고, 1858년에 '장미 그래프' 또는 '닭벼슬 그래프'라고 불리는 독특한 시각화 방법을 제안했다(그림 15).

이 그래프에서 푸른 색깔의 '쐐기wedge'는 감염병으로 죽은 병사의 숫자를 나타낸다. 붉은색 쐐기는 전쟁에서의 부상으로 죽은 병사, 그리고 검정 쐐기는 다른 원인에 의해 죽은 병사의 숫자이다. 오른쪽 그래프의 출발점은 9시 방향에 있는 1854년 4월이다. 4~6월은 사망자가 거의 없다가 7월부터 급증하는데, 이 대부분은 병원에서 얻은 감염병에 의한 사망자이다. 이런 패턴은 1855년 1월에 정점을 찍고, 정부위원회가 파견되어 활동하면서 점차 줄어든다. 이 그래프는 열악한 병원의 상황이 얼마나 많은 젊은이를 죽음으로 몰아넣었는지 똑똑히 보여준다.

나이팅게일은 이런 도표를 자신이 출간한《영국 군인의 건강, 효율,

병원 행정에 영향을 주는 사안에 관한 소고》(1858) 속에 포함했고, 그림만을 따로 뽑아서 2000부를 자비 출판한 뒤에 이를 통계학자와 정책가에게 배포했다. 그녀의 동료 윌리엄 파는 나이팅게일에게 편지를 써서, "우리는 막연한 느낌impression이 아닌 사실을 원한다"라며 그래프의 유용성을 반박했다. 그녀는 통계학이 사실을 다룬다는 원칙에 동의했지만, 통계학이 정책가나 법률가에게 영향을 줘서 법과 제도를 바꾸는 역할을 함으로써 사회를 개선해야 한다는 믿음을 가지고 있었다. 자신이 간호학과 통계학을 선택한 이유도 세상을 신의 뜻에 맞게 바꿀 수 있다고 생각했기 때문이다. 그런 그녀에게 그래프나 그림은 사람들에게 사회의 문제점을 극명하게 드러내는 역할을 하기에 적절한 도구였다.(Cohen 2006)

코로나19 팬데믹

2019년 12월에 시작한 코로나19 팬데믹은 전 세계적으로 1천만 명이 넘는 사망자를 내고 2023년에 엔데믹으로 전환되었다. 코로나 팬데믹은 데이터 시각화를 위한 거대한 실험실이었다는 평가가 있을 정도로, 새로운 시각화 방법이 실험적으로 도입되었다. 일례로 〈뉴욕타임스〉는 코로나로 사망한 100만 명을 100만 개의 점으로 찍어서 이를 2021년 2월 21일 자 신문 1면에 보도했다. 우리나라의 경우 확진자들의 동선이 지도 위에 표시되었고, 확진자가 방문한 식당은 폐

▶ **그림 16** 존스홉킨스 대학교 CSSE에서 제작한 코로나19 대시보드. 2020년 2월 25일 현재, 전 세계 코로나19 감염자, 사망자 현황을 실시간으로 보여주고 있다.

업하는 일까지 벌어졌다. 우리는 무섭게 생긴 코로나바이러스의 이미지를 보면서 공포심을 느끼기도 했으며, 한국과 다른 나라의 유병률과 사망률을 비교하는 대시보드dashboard를 보면서 두려움에 떨기도 했고, 안도의 숨을 쉬기도 했다(그림 16). 그런데 코로나19 팬데믹 때 사용된 데이터 시각화의 방법 대부분은 19세기에 발명된 오래된 것들이었다. 코로나 팬데믹에 의한 확진자, 사망자, 치명률을 거의 실시간으로 보도한 대시보드 대부분은 플레이페어가 처음 사용한 일반 그래프, 막대그래프, 원형 그래프, 미나르의 흐름 지도, 파의 북극 그래프, 나이팅게일의 장미 그래프 같은 시각화 방법을 채용했다. 한번 발명되어 정착된 18~19세기 시각화 방식은 지금도 사라지지 않은 채 낯선 바이러스의 영향을 눈에 보이게 하는 목적으로 사용되고 있다.

'신기후 체제의 철학자' 라투르
갈라지고 쪼개진 지구를 표지로 싣는다고?
지구는 둥근 공 모습일까, 얇은 막일까?

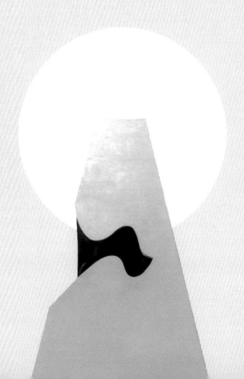

12

브뤼노 라투르와 가이아
임계 영역의 시각화, 과학과 예술의 결합

행위자 네트워크 이론과 이미지의 역할

과학적 실행의 다른 요소들과 비슷하게 시각적 이미지는 과학자의 실행에서 주로 불확실한 요소를 감추고 확실성과 객관성을 강화하는 역할을 한다. 그렇지만 어떤 경우에는 새로운 종류의 불확실성을 생산하면서 과학자의 연구를 엉뚱한 방향으로 이끌기도 한다. 이런 현상은 비단 개인에 국한되지 않으며, 집단의 차원을 봐도 그렇다. 시각적 이미지는 과학자 공동체가 새로운 이론을 수용하면서 그 정체성을 다지는 사회적 과정을 매개하기도 하지만, 예상치 못한 새로운 논쟁을 낳으면서 과학자 공동체들 사이의 틈을 벌리고 균열을 만드는 촉매의 역할을 하기도 한다. 과학자들은 보통 재현과 시각화를 이미 깔끔하게 얻어진 데이터를 눈에 보이는 형태로 가시화하는 소통의 작업이라고 해석한다. 하지만 과학기술학(STS) 연구는 재현과 시각화가 대상에 대한 새로운 지식과 이해가 얻어지는 과정과 궤를 같이하며, 기존의 지식과 이해와 상호작용함으로써 처음의 예상과는 다른 결과를 낳는 과학적 실행의 중요한 구성 요소임을 보여준다.

과학기술학자 브뤼노 라투르 역시 재현과 시각화에 관해 중요한 연구를 수행했다. 그는 《실험실 생활》(1979)에서 과학자의 실험에 수많은 종류의 기입inscription 과정이 포함되어 있음을 드러내면서, 이 중에서 '정점peak'을 보여주는 그래프와 같은 기입물이 연구 대상을 구성하는 데 핵심적인 역할을 한다고 주장했다.(라투르·울거 2019[1979]) 이 책의 출간 직후에 그는 동료 학자인 미셸 칼롱, 존 로와 함께 비인간을 인간과 대칭적인 행위자로 간주하면서 인간–비인간의 이종적인 네트워크 건설을 분석하는 행위자 네트워크 이론actor-network theory(이하 ANT)의 기초를 정립했고, 재현과 시각화라는 주제를 ANT의 관점에서 재해석했다.

ANT 맥락에서 쓴 〈시각화와 인지Visualization and Cognition〉라는 논문에서 라투르는 그래프나 지도와 같은 시각화된 기입물이 '변하지 않으면서 쉽게 돌아다닐 수 있는immutable mobile' 특성을 가진다는 점을 보여주었고, 인간 행위자가 이렇게 돌아다니는 비인간 행위자와 함께 구축하는 시각화의 네트워크가 바로 전통적으로 인간의 인지 과정이라고 부른 것과 정확히 동일하다고 주장했다.(Latour 1986) 지식은 기입물과 같은 이미지들의 결합으로 생겨나고, 이미지는 지식을

3. 이미지의 생명력과 현대 과학

이동할 수 있게 만들며, 지식의 이동성은 행위자 네트워크를 만드는 번역translation 과정에서 중심적인 역할을 한다. 따라서 이를 관장하고 통제하는 사람은 다른 사람이 갖지 못한 힘을 획득할 수 있는 것이다. 이런 사람이나 기관이 위치한 곳이 그가 '계산의 중심center of calculation' 혹은 '번역의 중심center of translation'이라고 부른 곳이었다.

라투르는 1990년대부터 그가 정치 생태학political ecology이라고 부른 분야에 관한 연구를 꾸준히 논문과 책으로 출판했다. 정치 생태학의 핵심 명제는 인간 사회와 자연은 분리된 존재가 아니라는 것, 다른 말로 하자면 인간을 배제한 순수한 자연은 존재하지 않는다는 것이었다. 인간 사회와 자연의 분리는 그가 비판했던 근대성의 요체였고, 그는 이런 관점에서 당시 유럽의 좌익 운동에서 유행하던 자연보호운동을 강하게 비판했다.

정치 생태학에 대한 브뤼노 라투르의 탐구는 2010년 이후 가이아에 대한 관심으로 이어졌다. 라루르는 일련의 강연과 논문에서 가이아를 어머니 자연이나 글로벌한 구형 지구와 대비하는 개념으로 제시했다. 가이아에는 자연만 존재하는 것이 아니라 인간과 비인간을 버무린 혼종과 배치가 주를 이루었다. 인간에게 의미가 있는 가이아는 추상적인 구형 지구가 아니라 지표면의 암석, 땅, 숲, 물, 대기로 구성된, 그가 '임계 영역critical zone'이라고 부른 얇은 층이었다. 이번 장은 라투르가 임계 영역을 가시화했던 과정을 분석하면서, 인류세 시대의 임계 영역의 중요성과 함께 과학과 예술의 생산적 상호작용이 인류세의 문제를 가시화하는 데 고유한 역할을 할 수 있음을 보일 것이다.

정치 생태학에서 신기후 체제로

2010년대 이후 라투르는 "신기후 체제New Climatic Regime의 철학자"라는 별명을 얻었다. 기후위기의 심각성을 설파하는 과학자들과 연대해서, 기후위기를 부정하는 정치인과 학자들의 인식론적 토대를 강하게 공격했기 때문이다. 그가 이렇게 기후위기 문제에 천착했던 계기는 (그의 인터뷰에 따르면) 저명한 기후 과학자와의 우연한 만남에서 비롯했다. 라투르를 칵테일 파티에서 만난 한 기후 과학자는 자신들의 연구가 부당하게 공격받고 있다고 하면서, 자신들을 도와달라고 라투르에게 손을 내밀었다. 1990년대의 '과학 전쟁Science Wars'에서 과학의 합리성을 옹호한 과학자들로부터 공격의 표적이 되었던 라투르에게 과학자의 도움 요청은 적잖은 충격이었다. 라투르는 이 사건 이후 기후 과학자와 연대해서 지구 온난화를 부인하는 세력과 또 다른 전쟁을 시작했다.

기후 위기를 둘러싼 논쟁을 바라보는 라투르의 입장을 몇 줄로 요약하기는 쉽지 않지만, 그 핵심을 뽑아보면 이렇다. 보통 기후 회의론을 비판하는 과학자는 기후 회의론은 틀렸고 IPCC의 보고서는 틀림없다라고 강조한다. 반면에 기후 과학을 비판하는 회의론자들은 기후 과학에 내재한 불확실성을 들춰내서 기후위기론의 주장의 오류를 확대해서 강조한다. 이런 공격에 대해서 과학자들은 기후 회의론이 석유 회사의 자본주의적인 이해와 이를 지지하는 정치적인 담합을 뒤에 감춘 사기극에 불과하다고 항변한다. 그렇지만 라투르는 이런 이분법을 받아들이지 않는다. 기후 과학에도 사실과 정치가 혼재되어 있고, 기후 회의론에도 사실과 정치가 혼재되어 있다고 보기 때문이다. 라투르는 누구의 사실이 더 확실한가만을 따져서는 안 되고, 이와 함께 누구의 정치가 더 바람직한가도 따져야 한다고 본다. 더불어, 기후 과학이 예측한 미래의 기후 변화에는 상당한 불확실성이 있기에, 과학 진영이 이를 부정할 것이 아니라 이 점을 인정하고 드러내면서 비판자들을 대면해야 함을 강조한다.

라투르는 이런 주장들을 2013년에 기포드 강연Gifford Lecture을 모아 출간한 《가이아와 마주하기》에서부터 펼치기 시작했다.(Latour 2013)* 이 책은 제임스 러브록의 유명한(악명 높은?) 가이아 개념을 빌려와서 인류세에 맞게 그 내용을 재구성한 내용을 담고 있다. 잘 알려져 있다시피, 러브록은 지구를 생물과 무생물이 서로 피드백 루프로 연결되어 정보를 주고받음으로써 최적화된 항상성을 유지하는 사이버네틱 시스템cybernetic system으로 파악하고, 이를 신화에 나오는 대

---

* 라투르는 2013년 2월에 여섯 차례에 걸쳐서 기포드 강연을 진행했다. 이 강연은 2013년 〈가이아와 마주하기: 자연의 정치신학에 관한 여섯 개의 강의〉라는 제목의 팸플릿으로 출간되어 회람되었다. 라투르는 여기에 두 개의 챕터를 덧붙여서 2017년에 《가이아와 마주하기 Facing Gaia》를 출간했다. 이 글에서는 2013년에 출판된 팸플릿을 이용했다.

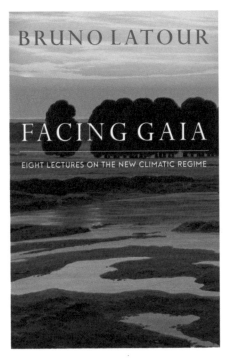

▶ **그림 1** 2017년에 출판된 《가이아와 마주하기》 표지. 여기서 보이는 가이아는 지구 전체가 아니라 대지, 임계 영역임을 주목할 필요가 있다.

지의 여신의 이름을 따서 가이아라고 명명했다. 가이아라는 명칭은 러브록의 이론을 주목받게 만들기에 충분했지만, 회의적인 과학자에게는 이를 비판하고 거부하기에 충분할 명분을 제공하기도 했다.(홍성욱 2019, 14장)

라투르는 러브록이 제공한 통찰의 많은 부분을 받아들였지만, 가이아를 자신의 철학 속에서 새롭게 해석했다. 라투르가 가이아와 대비한 개념이 '대문자 자연' 즉 Nature였다. 가이아에서 인간은 매우 중요한 행위자였지만, 대문자 자연 Nature는 "인간 대 자연"이라는 표현에서 볼 수 있듯이 인간을 뺀, 인간과 구별되는 순수한 외부 세상에 대한 경외감을 낭만적으로 담은 존재였다. 반면에 가이아는 경외의 순간을 통해 느껴지지 않는다. 인간은 전 세계에 흩어져 있는 수많은 관측소의 첨단 기기에서 가이아의 작동을 측정한 결과를 이해하면서 가이아를 느끼고 경험한다.(Latour 2013, p. 98) 라투르에게 가이아는 '어머니 자연Mother Nature'이 아니라, 인간과 비인간을 버무린 혼종, 잡탕, 배치assemblage이고, 어머니 자연과는 외려 대척점에 있는 존재 이다.

가이아와 대비되는 또 다른 개념은 '대문자 지구' 즉 Earth였다. Earth는 우리가 '글로벌한 관점에서 문제를 보아야 한다'라고 할 때 머릿속으로 그리는 글로브globe, 즉 구형의 지구 전체를 의미했다. 라 투르에게 이런 개념이 문제가 된 이유는 우리가 살면서 '글로브'로서 의 지구 전체를 보거나 경험할 수 없기 때문이었다. 우리는 지표면에 붙어서, 내 주변의 공기를 호흡하고 물을 섭취하면서, 내게 주어진 땅 에서 동물을 사육하고 식물을 경작해서 먹거리를 충당하거나 내다 파 는 식으로, 그 외의 다른 모든 방식으로 인간과 무수히 많은 비인간 과 상호작용하면서 살아가지, 저 높은 하늘 위에서 지구를 내려다보 면서 글로벌하게 살지 않기 때문이다. 인류 전체를 보아도, 인류와 인 류에게 의미 있는 비인간들 모두가 살아가는 공간은 반지름 6300킬 로미터의 구형의 지구가 아니라, 지표면의 암석, 땅, 숲, 물, 대기로 구 성된 얇은 층이다. 라투르는 기포드 강연에서 "가이아는 전혀 구체가 아니다. 오히려 두께가 몇 킬로미터를 넘지 않는 얇은 막에 불과하다

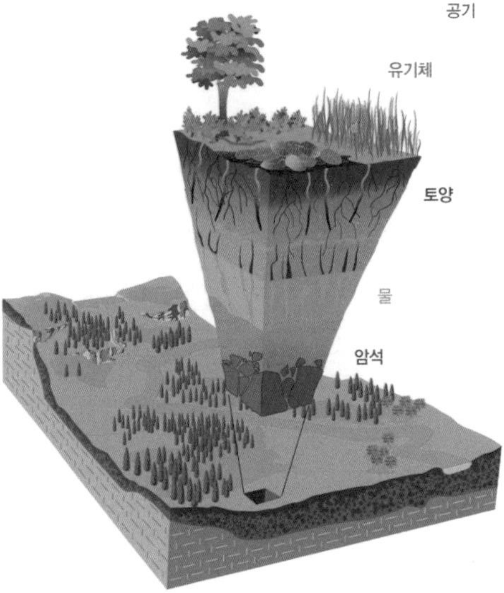

▶ **그림 2** 과학자들이 임계 영역을
시각화하는 방식. 얇은 임계 영역을
세로로 확대해서 드러내고 있다.

(Latour 2013, p. 95)"라고 강조했다(그림 1 참조).

이 얇은 막이 그가 나중에 '임계 영역'이라고 칭한 것이었다. 임계
영역 또는 크리티컬 존은 지구과학 분야에서 "암석, 토양, 물, 공기, 생
물과 관련된 복잡한 상호작용이 자연적인 서식지를 조절하고 생명을
유지하는 데 필요한 자원의 가용성을 결정하는 이질적인 지표면 근처
의 환경"으로 정의되어 사용되고 있었던 개념이다. 특히 21세기에 들
어와 이를 연구하는 국제적이고 학제적인 네트워크가 만들어지면서
이 용어는 더 빈번하게 회자되었다. 라투르는 기포드 강연 이후에 임
계 영역이라는 용어를 발견했고, 이것이 인류세 맥락에서 재해석한

자신의 가이아와 정확히 같은 것임을 알 수 있었다. 그 뒤로 라투르는 가이아와 임계 영역을 거의 같은 의미로 사용하기 시작했다.(Latour 2014)

다만 이 개념을 자신의 이론 틀 속에 녹여내기 위해서는 해결해야 할 문제가 하나 더 있었다. 그것은 구형 지구를 아무리 크게 그려도 임계 영역이 아예 보이지조차 않는다는 것이었다. 임계 영역은 인간을 포함한 모든 생명체가 무생물들과 상호작용하면서 그 생명성을 유지해나가는, 현재까지의 인류의 앎으로는 전 태양계를 통틀어 생명을 품고 있는 유일무이하고 의미심장한 공간인데, 이런 공간을 흥미로운 방식으로 시각화할 방법이 없었다. 지구의 대부분을 차지하는 맨틀에 비해 임계 영역은 너무나도 얇은 필름, 혹은 막membrane 같은 것이기 때문이다. 과학자들은 나름의 방법을 통해 이 얇은 임계 영역을 시각화하고 있지만(그림 2), 라투르가 보기에 이런 시각화는 임계 영역의 중요성을 충분히 드러내지 못하고 있었다.

임계 영역의 시각화, 과학과 예술

사람들이 머릿속으로 그리는 구형의 지구는 1960~1970년대에 인간이 달을 여행하면서 찍은 사진들에 힘입은 것이다. 아폴로 8호가 찍은 '지구돋이Earthrise'(1968)나 아폴로 17호가 찍은 '블루 마블Blue Marble'(1972)이 대표적인 지구의 이미지들이다. 특히 후자의 사진은

▶ **그림 3** 아폴로 17호가 찍은 '블루 마블'의 원본 사진.

우주에 외롭게 떠 있는 지구의 전체 모습을 포착했고, 지구인들의 마음속에 지구가 작고 아름다우며 연약하다는 감성을 불러일으켰다(그림 3).

이런 사진들은 거의 같은 시기에 등장했던 마셜 매클루언의 '지구촌global village'이나 벅민스터 풀러의 '지구 우주선Spaceship Earth' 같은 개념과 공명하면서, 지구에 사는 모든 이들이 서로 연결되어 있으며, 환경 문제 같은 위기를 해결하기 위해서 전 지구인이 힘을 합쳐야 한다는 주장에 무게를 더했다. 1971년에 '지구의 날'이 제정되고, 1972년에 UN에 의해 환경 운동이 전 지구적인 의제가 된 데에는 우주에서 찍은 지구 이미지가 작지 않은 역할을 했다.(Henry and Taylor 2007) 신자유주의가 등장하기 전인 1970년대에, 적어도 과학과 환경 분야에서는 '지구화globalization'라는 개념이 등장하고 받아들여지기 시작했다.

그렇지만 전 세계 모든 이들이 이런 글로벌한 지구 이미지를 저항 없이 받아들인 것은 아니었다. 과학기술학자 실라 재서노프가 잘 보여주었듯이, 인도의 환경단체 〈과학과 환경을 위한 센터〉의 활동가들은 자신들의 나라에 전혀 도움이 되지 않았던 지구화는 물론 글로벌한 지구의 이미지까지를 비판하고 거부했다.(Jasanoff 2004) 이들이 출간하던 잡지 〈땅으로Down to Earth〉는 푸른 구슬 대신에 마르고 쩍쩍 갈라진 지구의 대지 사진을 자주 실었고, 이런 맥락에서 인도의 생태사를 연구한 연구자들은 자신들의 책 《이 갈라진 땅This Fissured Land》(1992) 표지에 푸른 구슬 대신에 울퉁불퉁 갈라지고 쪼개진 지구를 선보였다(그림 4).

잦은 기근으로 메마른 땅도, 이와는 정반대로 홍수로 생활 터전이 쓸려 내려가는 땅도 라투르가 개념화한 가이아, 즉 임계 영역의 일부이다. 그런데 2014년에 라투르가 임계 영역의 중요성을 강조한 논문에는 이에 대한 시각 이미지가 존재하지 않는다. 임계 영역이 중요하다는 얘기를 이어가지만, 사진이나 그림이 한 장도 실려 있지 않다. 그러다가 2018년에 라투르가 알렉산드라 아렌과 함께 쓴 논문에

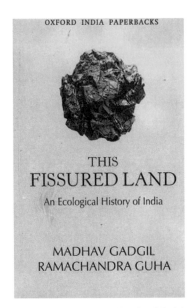

OXFORD INDIA PAPERBACKS

THIS
FISSURED LAND
An Ecological History of India

MADHAV GADGIL
RAMACHANDRA GUHA

▶ **그림 4** 인도 연구자 마드하브 개드길과 라마찬드라 구하의 《이 갈라진 땅》. 울퉁불퉁 갈라지고 쪼개진 지구를 표지에 담았다.

는 임계 영역의 시각화된 이미지가 등장한다. 그런데 그것은 보통 과학자들이 하듯이 얇은 임계 영역층을 뽑아낸 다음에 이를 확대해서 보여주는 방식이 아니었다.

라투르와 아렌은 지구를 뒤집어 거꾸로 안을 꺼내고 밖을 집어넣음으로써, 지구를 역전시켰다. 지구의 대부분은 생명체가 존재하지 않는 맨틀이지만, 이를 뒤집으면 지구의 대부분은 흙, 대기를 포함한 임계 영역이 된다(그림 5). 대기는 흙 위에 존재하는 대신에, 지구 내부에 상당한 공간을 차지하고 들어 있는 형태가 된다. 이런 뒤에 생명체를 유지하는 데 필요한 햇빛, 산소, 질소, 황 같은 다양한 요소들의 순환을 생각하고, 또 그려볼 수 있다. 임계 영역을 순환하는 이런 요소들의 운동은 지구가 요동치는 가이아임을 실감케 한다.(Arènes, Latour, & Gaillardet 2018; Arènes 2021)

라투르는 임계 영역의 가시화에 예술(조경 건축)을 전공한 아렌과의 협업이 결정적이었다고 평가했다. 더 중요한 점은, 라투르가 강조

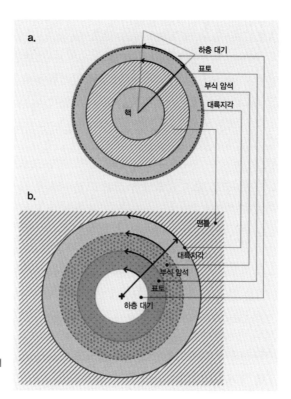

▶ **그림 5** 라투르와 아렌에 의한 임계 영역의 시각화.

하듯이, 과학기술학과 예술과의 접점에서 만들어진 이런 이미지가 과학자들에게 영향을 주어서 이들이 임계 영역을 이해하는 방식을 바꾸는 데 기여한다는 사실이었다. 이들의 논문은 2018년에 세이지 출판사에서 발행하는 〈인류세 리뷰〉에 출판되었고, 구글 검색에 의하면 90회 이상 인용되었다. 세이지 출판사의 공식 집계만 따져도 35회 인용되었는데, 이를 인용한 논문에는 인문·사회과학 분야만이 아니라 수문학水文學과 지질학 분야의 논문도 포함되어 있다.

라투르가 예술로부터 받은 통찰과 영감은 임계 영역의 시각화에만 멈추지 않는다. 그는 위에서 언급한 인터뷰에서《가이아와 마주하기》에 담긴 핵심 아이디어가 예술가와의 만남에서 나왔다고 회고했다. 그것은 가이아가 일종의 무용舞踊이라는 것이었다.

전시회를 하지 않았다면 소위 그런 예술을 사용하지 않았을 것입니다. 이제 예술가들로부터 배우는 데 매우 익숙합니다. 그리고 그것은 제게 아이디어를 줍니다. 러브록, 브레히트, 가이아처럼 소개한 모든 작업은 전적으로 예술가들과 그들과의 작업으로부터 영감을 받았습니다. 우리는 연극을 했는데 거기서 엄청난 것을 배웠어요. (…) 그것은 예술가들로부터 특정 주제에 대해 생각하는 새로운 방법을 배울 수 있는 상황, 전시, 연극을 만드는 것입니다. 제 책《가이아와 마주하기》의 아이디어는 사실 한 무용수로부터 시작되었습니다.•

과학과 예술의 접점과 경계에서 과학이나 예술에 도움이 되는 새로운 통찰, 아이디어, 재현 기법이 등장하는 사례에 관해서는 여러 연구가 있지만, 여기서 볼 수 있는 특이성은 이런 생산적인 상호작용이 과학기술학과 예술 사이에서도 가능하다는 것이다. 라투르는 한 인터뷰

• "Booting up the Critical Zone," (An Interview of Bruno Latour by Yohji Suzuki, 16 May 2018) at https://zkm.de/en/node/37247

3. 이미지의 생명력과 현대 과학

에서 예술과의 상호작용이 과학기술학과 과학 모두에 어떤 도움을 줄 수 있는지를 다음과 같이 정리했다.

임계 영역이라는 개념 자체는 제가 발명한 것은 아닙니다. 과학자들이 이 개념을 사용하지만 제가 사용하는 방식보다 좁은 의미로 사용합니다. 알렉산드라와 함께 쓴 논문처럼 임계 영역의 개념을 물질화 materialization와 이미지 등으로 확장한 이유는 이것이 과학자들에게 큰 관심 대상이 될 수 있기 때문입니다. 그들은 불현듯 알렉산드라가 제 조언을 받아 만든 이 다이어그램 속에서 깨닫게 됩니다. 이 다이어그램은 소위 과학적인 그림이지만, 예술이 없었다면 과학은 보여주고 싶은 것을 재현하는 데 실패했을 것입니다. 신화와 마찬가지로 과학은 전적으로 재현과 시각화에 관한 것이기 때문에, 끊임없는 교류가 가능하다는 것을 알 수 있을 겁니다.**

라투르는 오랫동안 협업을 했던 바이벨과 함께 임계 영역에 대한 전시를 기획했다. 주제는 임계 영역이었지만, 전시는 생태계와 기후 위기 전반을 포괄한 것이었다. 2020년 5월에 ZKM에서 개관한 전시에는 80명이 넘는 예술가가 참여했고, 카탈로그 작업에는 70명이 넘는 학자와 작가가 글을 썼다. 전시는 2022년 1월까지 계속되었는데,

** 같은 글.

이것이 라투르의 마지막 전시 기획이 되었다. 라투르는 2022년 10월에 사망했고, 우연인지 아닌지 그와 오랫동안 호흡을 같이했던 바이벨도 3개월 뒤인 2023년 1월에 사망했다. 그렇지만 임계 영역의 시각화에서 볼 수 있는 인류세의 문제에 대한 라투르의 진지한 고민, 그리고 과학기술학과 예술의 결합을 통해 세상을 조금이라도 바꾸려고 했던 그의 학술적 실천은 살아남아 후대 학자들에 의해 계승되고 확산될 것이다.

3. 이미지의 생명력과 현대 과학

갈릴레오 갈릴레이, 알버트 반 헬덴 해설(1610), 《갈릴레오가 들려주는 별 이야기: 시데레우스 눈치우스》, 장헌영 옮김(승산, 2009).

김호, 《허준의 동의보감 연구》(일지사, 2000).

박지영, 〈산티아고 라몬 카할의 신경연구에서 조직 염색법의 위상과 역할, 1887~1897〉(서울대학교 대학원 석사학위 논문, 2001).

브루노 라투르, 스티브 울거, 《실험실 생활: 과학적 사실의 구성》, 이상원 옮김(한울아카데미, 2019). (원저 Laboratory Life: The Social Construction of Scientific Facts, 1979).

안드레아 울프, 《자연의 발명: 잊혀진 영웅 알렉산더 폰 훔볼트》, 양병찬 옮김(생각의힘, 2021).

이별빛달빛(이종찬), 《훔볼트 세계사: 자연사 혁명》(지식과감성#, 2020).

케빈 켈리, 《기술의 충격》, 이한음 옮김(민음사, 2011).

허버트 버터필드, 《근대과학의 기원: 1300년부터 1800년까지》, 차하순 옮김(탐구당, 1976).

홍성욱, 〈기계로서의 인간의 몸: 17세기 '첨단과학'과 데카르트의 인간론〉, 《자연과학》 18호(2005년 여름), 120~131쪽.

_____, 〈계몽사조기의 '빛'에 대한 이미지들〉(KIAS 초학제 연구단 출범 심포지엄 발표문, 2012).

_____, 〈상상력의 과학, 과학의 상상력〉, 《독일어문화권연구》 제18집(2009. 12),

249~288쪽.

_____, 《홍성욱의 과학 에세이》(동아시아, 2008).

_____, 《포스트휴먼 오디세이》(휴머니스트, 2019).

_____, 〈라투르와 가이아의 시각화, 그리고 과학과 예술〉,《과학기술과 사회》제 4호(2023), pp. 81-113.

Abraham, Tara H., "From Theory to Data—Representing Neurons in the 1940s", Biology and Philosophy 18(2003), 415~426쪽.

Archibald, J. David, "Edward Hitchcock's Pre-Darwinian(1840), 'Tree of Life'", Journal of the History of Biology (2009), 561~592쪽.

Arènes, A. 2021. "Inside the Critical Zone." GeoHumanities, 7: 131~147쪽.

Arènes, A., Latour, B., & Gaillardet, J. 2018. "Giving depth to the surface: An exercise in the Gaia-graphy of critical zones." The Anthropocene Review, 5(2), 120~135쪽.

Barbagli, Fausto, "In Retrospect—The Earliest Picture of Evolution?", Nature 462 (2009), 289쪽.

Barinaga, Marcia, "Remapping the Motor Cortex", Science 268(1995), 1696~1698쪽.

Barkey, Stephen R. and Beth A. Bechky, "In the Backrooms of Science— The Work of Technicians in Science Labs", Work and Occupations 21(1994), 85~126쪽.

Barnet, Belinda, "Technical Machines and Evolution"(2004). Available at www.ctheory.net/articles.aspx?id=414.

_____, "Material Cultural Evolution—An Interview with Niles Eldredge"(2009). Available at http://journal.fibreculture.org/issue3/ issue3_barnet.html.

Basalla, George, The Evolution of Technology(Cambridge: Cambridge

University Press, 1988).

Bell, Daniel Orth, "New Identifications in Raphael's School of Athens", Art Bulletin 77(1995), 638~646쪽.

Beretta, Marco, Imaging a Career in Science—The Iconography of Antoine Laurent Lavoisier (Canton, MA.: Science History Publication, 2001).

Berkowitz, Bruce, Playfair: The True Story of the British Secret Agent Who Changed How We See the World (Fairfax, VA: George Mason University Press, 2018).

Biagioli, Mario, Galileo, Courtier—The Practice of Science in the Culture of Absolutism (Chicago: University of Chicago Press, 1993).

Blair, Ann, "Tycho Brahe's Critique of Copernicus and the Copernican System", Journal of the History of Ideas 51(1990), 355~377쪽.

Bloom, Terrie F., "Borrowed Perceptions—Harriot's Maps of the Moon", Journal for the History of Astronomy 9(1978), 117~122쪽.

Boyd, Robert, Peter Richerson and Joseph Henrich, "The Cultural Evolution of Technology—Facts and Theories". Available at http://www2.psych. ubc.ca/~henrich/pdfs.

Chapman, A., "Tycho Brahe—Instrument Designer, Observer and Mechanician", Journal of the British Astronomical Association 99, 70~77쪽.

Christianson, John Robert, On Tycho's Island—Tycho Brahe and His Assistants, 1570~1601(Cambridge: Cambridge University Press, 2009).

Clark, Edwin and Kenneth Dewhurst, An Illustrated History of Brain Function—Imagining the Brain from Antiquity to the Present(San Francisco: Norman Publishing, 1996).

Cohen, I. Bernard, "Notes on Newton in the Art and Architecture of the Enlightenment", Vistas in Astronomy 22(1979), 523~537쪽.

Cohen, I. Bernard, The Triumph of Numbers: How Counting Shaped Modern Life(Ch. 9 "Florence Nightingale"). (W.W. Norton and Company, 2006).

Cooter, Roger, The Cultural Meaning of Popular Science—Phrenology and the Organization of Consent in 19th century Britain(Cambridge: Cambridge University Press, 1984).

Crombie, Alistair C., "Experimental Science and the Rational Artist in Early Modern Europe", Daedalus 115(1986), 49~74쪽.

Damasio, Hanna et al., "The Return of Phineas Gage—Clues about the Brain from the Skull of a Famous Patient", Science 264(1994), 1102~1105쪽.

Daston, Lorraine, "Objectivity and the Escape from Perspective", Social Studies of Science 22(1992), 597~618쪽.

Davies, John D., Phrenology—Fad and Science, A 19th Century American Crusade(New haven: Yale University Press, 1955).

Deleuze, G. and F. Guattari, A Thousand Plateaus—Capitalism and Schizophrenia, Brian Massumi (trans.)(Minneapolis: University of Minnesota Press, 1987).

Dobbs, David, "Fact or Phrenology?", Scientific American Mind 16(2005), 24~31쪽.

Doolittle, W. Ford, "Uprooting the Tree of Life", Scientific American 282-2(2000), 90~95쪽.

Doorly, Patrick, "Dürer's "Melencolia I"—Plato's Abandoned Search for the Beautiful", The Art Bulletin 86(2004), 255~276쪽.

Eagle, Cassandra T. and Jennifer Sloan, "Marie Anne Paulze Lavoisier—The Mother of Modern Chemistry", The Chemical Educator 3-5(1998), 1~18쪽.

Edgerton, Samuel Y., "Galileo, Florentine 'Disegno' and the 'Strange Spottednesse' of the Moon", Art Journal 44(1984), 225~232쪽.

_____, The Heritage of Giotto's Geometry—Art and Science on the Eve of the Scientific Revolution(Ithaca and London: Cornell University Press, 1991).

Elmqvust, Inga, "The Image of the Astronomer and Astronomy in 17th Century Frontispiece Illustrations", Memorie della Società Astronomica Italiana Special number 1(2002), 171~185쪽.

Emmer, Michele, "The Platonic Solids", Leonardo 15(1982), 277~282쪽.

Fernández, Eliseo, "How the Tree of Life Became a Tangled Web—A Glimpse at the History of a Powerful Metaphor", Midwest Junto for the History of Science—54th annual meeting(April 3, 2011). Available at http://www.lindahall.org/services/referencépapers/fernandez/Tree_of_life.pdf.

Field, J. V., "Kepler's Cosmological Theories—Their Agreement with Observation", Quarterly Journal of the Royal Astronomical Society 23(1982), 556~568쪽.

_____, "A Lutheran Astrologer—Johannes Kepler", Archive for History of Exact Sciences 31(1984), 189~272쪽.

Forman, Paul, "Inventing the Maser in Postwar America", Osiris 7(1992), 105~134쪽.

Friendly, Michael, "The Golden Age of Statistical Graphics", Statistical Science 23(2008), 502~535쪽.

Friendly, Michael and R. J. Andrews, "The Radiant Diagram of Florence Nightingale", Sort 45(2021), 3~18쪽.

Frischetti, Mark, "Your Brain in Love—Cupid's Arrows, Laced with Neurotransmitters, Find Their Marks", Scientific American(Feb. 2011). Available at http://www.scientificamerican.com/article.cfm?id=yourbrain-inlove-graphsci.

Funkhouser, H. Gray. "Historical Development of the Graphical Representation of Statistical Data", Osiris 3(1937), 269~404쪽.

Gage, John, "Blake's Newton", Journal of the Warburg and Courtauld Institutes 34(1971), 372~377쪽.

Galison, Peter, "History, Philosophy, and the Central Metaphor", Science in Context 2(1988), 197~212쪽.

Gattei, Stefano, "The Engraved Frontispiece of Kepler's Tabulae Rudolphinae(1627)—A Preliminary Study", Nuncius 24(2009), 341~365쪽.

Graney, Christopher M., "Contra Galileo—Riccioli's 'Coriolis-Force' Argument on the Earth's Diurnal Rotation", Physics in Perspective 13(2011), 387~400쪽.

Gregory, T. Ryan, "Understanding Evolutionary Trees", Evo Edu Outreach 1(2008), 121~137쪽.

Hanaway, Owen, "Laboratory Design and the Aim of Science: Andreas Libavius versus Tycho Brahe", Isis 77(1986), 584~610쪽.

Hayes, B., "Undisciplined Science. Is the Tree of Knowledge an Outdated Metaphor?", American Scientist 92(2004), 306~310쪽.

Hecht, Laurence and Charles B. Stevens, "New Explorations with the Moon Model", 21st Century Science and Technology 58(2004). Available at http://www.21stcenturysciencetech.com/Articles%202005/MoonModel_F04.pdf.

Henry, H. and A. Taylor, "Re-Thinking Apollo: Envisioning Environmentalism in Space", The Sociological Review, 57(2007), 190~203쪽.

Hoffmann, R., "Mme Lavoisier", American Scientist 90(2004), 22~24쪽.

Hutton, Sarah, "Women, Science, and Newtonianism—Emilie du Châtelet versus Francesco Algarotti", J. E. Force and S. Hotton (eds.), Newton and Newtonianism(Kluwer, 2004a), 183~203쪽.

_____, "Emilie du Châtelet's Institutions de physique as a Document in the History of French Newtonianism", Studies in History and Philosophy of Science 35(2004b), 515~531쪽.

Iliffe, Rob, "Technicians", Notes and Records of the Royal Society 62(2008), 3~16쪽.

Iltis, Carolyn, "Madame Du Châtelet's Metaphysics and Mechanics", Studies in History and Philosophy of Science 8(1977), 29~48쪽.

Jasanoff, S., "Heaven and Earth: The Politics of Environmental Images," in S. jasanoff and M. Martello eds., Earthly Politics. Local and Global in Environmental Governance, pp. 31-52(Cambridge, MA: MIT Press, 2004).

Joost-Gaugier, Christiane L., "Ptolemy and Strabo and their Conversation with Appelles and Protogenes—Cosmography and Painting in Raphael's school of Athens", Renaissance Quarterly 51(1998), 761~787쪽.

Kaufmann, Emil, "Étienne-Louis Boullée", The Art Bulletin 21(1939), 213~227쪽.

Kemp, Martin, The Science of Art—Optical Themes in Western Art from Brunelleschi to Seurat(New Haven and London: Yale University Press, 1990).

Kraak, Menno-Jan. Mapping Time: Illustrated by Minard's Map of Napoleon's Russian Campaign of 1812(ESRI Press, 2014).

Kuspit, Donald B., "Dürer's Scientific Side", Art Journal 31(1972), 163~171쪽.

Kusukawa, Sachiko, "Bacon's Classification of Knowledge", Markku Peltonen (ed.), The Cambridge Companion to Bacon(Cambridge: Cambridge University Press, 1996), 47~74쪽.

Kutschera, Ulrich, "From the scala naturae to the symbiogenetic and dynamic tree of life", Biology Direct 6(2011), 33쪽. available at http://www.biology-direct.com/content/6/1/33.

Latour, B., "Visualization and Cognition: thinking with eyes and hands," Knowledge and Society 6(1986), 1~40쪽.

_____, Facing Gaia-Six lectures on the political theology of nature(Gifford lecture, 2013).

_____, "Some Advantages of the Notion of "Critical Zone" for Geopolitics", Procedia Earth and Planetary Science 10(2014). 3~6쪽.

Llull, Raymond, Tree of Science(2003), Yanis Dambergs (trans.). Available at http://lullianarts.net/TreeOfScience/TreeOfScience-1.pdf.

Mackinnon, Nick, "The Portrait of Fra Luca Pacioli", The Mathematical Gazette 77(1993), 130~219쪽.

Macmillan, Malcolm, An Odd Kind of Fame—Stories of Phineas Gage(Cambridge, MA.: MIT Press, 2000).

Mahoney, Michael, "Diagrams and dynamics—Mathematical reflections on Edgerton's thesis", J. Shirley and F. D. Hoeniger (eds.), Science and the Arts in the Renaissance (Cranbury, NJ.: Associated University Presses, 1985), 168~220쪽. Available at www.princeton.edu/~mikéarticles/diagdyn/diagdyn.html.

_____, "Drawing Mechanics", Wolfgang Lefebvre (ed.), Picturing Machines, 1400~1700(Cambridge. MA: MIT Press, 2004), 281~306쪽.

Mazzotti, Massimo, "Newton for Ladies—Gentility, Gender, and Radical Culture", British Journal for the History of Science 37(2004), 119~146쪽.

Mosley, Adam, "Objects of Knowledge—Mathematics and Models in 16th Century Cosmology and Astronomy", Sachiko Kusukawa and Ian Maclean (eds.), Transmitting Knowledge—Words, Images, and

Instruments in Early Modern Europe(Oxford: Oxford University Press, 2006), 193~216쪽.

Most, Glenn W., "'The School of Athens' and Its Pre-Text", Critical Inquiry 23(1996), 145~182쪽.

Nicolson, Marjorie, "The Telescope and Imagination", Modern Philology 32, 233~260쪽.

O'Connor, James P. B., "Thomas Willis and the background to Cerebri Anatome", Journal of the Royal Society of Medicine 96(2003), 139~143쪽.

Olalquiaga, Celeste, "Object Lesson", Cabinet Magazine (online, 2007), http://cabinetmagazine.org/issues/24/olalquiaga.php.

Olivieri, Grazia T., "Galen and Francis Bacon—Faculties of the Soul and the Classification of Knowledge", Donald R. Kelley and Richard H. Poplin (eds.), The Shapes of Knowledge from the Renaissance to the Enlightenment(Kluwer, 1991), 61~81쪽.

O'Neill, Ynez V., "Diagrams of the Medieval Brain—A study of Cerebral Localization", B. Cassidy (ed.), Iconography at the Crossroads (Princeton, 1993), 91~105쪽.

Orthofer, Michael A., "Galileo in Hell—Looking for a Dialogue between Science and Art", The Complete Review Quarterly 3(2002). Available at http://www.complete-review.com/quarterly/vol3/issue3/galileo.htm.

Ostrow, Steven F., "Cigoli's Immacolata and Galileo's Moon—Astronomy and the Virgin in Early Seicento Rome", The Art Bulletin 78(1996), 218~235쪽.

Penfield, Wilder and Theodore Rasmussen, The Cerebral Cortex of Man(New York: The Macmillan Company, 1950).

Piccolino, M. and N. J. Wade, "Galileo's Eye—A New Vision of the Senses in the Work of Galileo Galilei", Perception 37(2008), 1312~1340쪽.

Ragan, Mark A., "Trees and Networks before and after Darwin", Biology Direct 4(2009), 43쪽. Available at http://www.biology-direct.com/content/4/1/43.

Raoult, Didier, "Life after Darwin"(The Website of Project Syndicate, 3 July 2012). Available at http://www.project-syndicate.org/commentary/lifeafter-darwin.

Reichardt, Rolf and Deborah L. Cohen, "Light against Darkness—The Visual Representations of a Central Enlightenment Concept", Representations 61(1998), 95~148쪽.

Remmert, Volker R., "Visual Legitimisation of Astronomy in the Sixteenth and seventeeth Centuries—Atlas, Hercules and Tycho's Nose", Studies in History and Philosophy of Science 38(2007), 327~362쪽.

Roberts, Lissa, "A Word and the World—The Significance of Naming the Calorimeter", Isis 82(1991), 199~222쪽.

Schiebinger, Londa, "Feminine Icons—The Face of Early Modern Science", Critical Inquiry 14(Summer, 1988), 661~691쪽.

Segal, Jérôme and Efic Francoeur, "Visualizing Prions, Graphic Representations and the Biography of Prions", Eve Seguin (ed.), Infectious Processes—Knowledge, Discourse, and the Politics of Prions (Palgrave Macmillan, 2004), 99~134쪽.

Shapin, Steven, "The Invisible Technician", American Scientist 7(1989), 554~563쪽.

Shea, William R., "Panofsky revisited—Galileo as a Critic of the Arts", Andrew Morrogh et al. (eds.), Renaissance Studies in Honor of Craigh Hugh Smyth(Florenz, 1985), 481~492쪽.

Sheriff, Mary, "Decorating Knowledge—The Ornamental Book, the

Philosophical Image and the Naked Truth", Art History 28(2005), 151~173쪽.

Smith, A. Mark, "Getting the Big Picture in Perspectivist Optics", Isis 72(1981), 568~589쪽.

Smith, Jamie, "William Playfair: A Father of Data Visualization"(2019) at https://www.makforrit.scot/2019/09/08/william-playfair-faither-o-data-visualisation/.

Sowa, John F., Knowledge Representation—Logical, Philosophical, and Computational Foundations(Pacific Grove, CA.: Brooks Cole Publishing Co., 1999).

Spector, Tami, I., "Nanoaesthetics—From the Molecular to the Machine", Representations 117(2012), 1~29쪽.

Spence, Ian, "No Humble Pie: The Origins and Usage of a Statistical Chart." Journal of Educational and Behavioral Statistics 30(2005), 353~368쪽.

Strevens, Michael, "The Role of the Matthew Effect in Science", Studies in History and Philosophy of Science 37(2006), 159~170쪽.

Stevens, P. F. and Augustin Augier, "Augustin Augier's "Arbre Botanique"(1801), a Remarkable Early Botanical Representation of the Natural System", Taxon 32(1983), 203~211쪽.

Terrall, Mary, "Vis Viva Revisited", History of Science 42(2004), 189~209쪽.

Tufte, Edward R, The Visual Display of Quantitative Information(Graphics Press, 2001).

Van Helden, Albert, "The Telescope in the Seventeenth Century", Isis 65(1974), 38~58쪽.

_____, "Telescopes and Authority from Galileo to Cassini", Osiris 9(1994), 8~29쪽.

Vogt, Adolf Max, Radka Donnell and Kenneth Bendiner, "Orwell's 'Nineteen

Eighty-Four' and Etienne Louis Boullée's Drafts of 1784", Journal of the Society of Architectural Historians 43(1984), 60~64쪽.

Walker, T. D., "Medieval Faceted Knowledge Classification—Ramon Llull's Trees of Science", Knowledge Organization 23(1996), 199~205쪽.

Westfall, Richard S., "Newton and the Fudge Factor", Science 179(1973), 751~758쪽.

Wilkins, John S., "The First Use of a Taxonomic Tree", Evolving Thoughts (2009). Available at http://scienceblogs.com/evolvingthoughts/2009/04/10/the-first-use-of-a-taxonomic-t.

Winkler, Mary G. and Albert Van Helden, "Representing the Heavens—Galileo and Visual Astronomy", Isis 83(1992), 195~217쪽.

Wise, M. Norton, "Mediations—Enlightenment Balancing Acts, or The Technologies of Rationalism", Paul Horwich (ed.), World Changes—Thomas Kuhn and the Nature of Science (Cambridge, MA.: MIT Press, 1993), 207~256쪽.

Zinsser, Judith P., "Mentors, the Marquise Du Châtelet and Historical Memory", Notes and Records of the Royal Society 61(2007), 89~108쪽.

13 라멜리의 〈바퀴 모양의 독서대〉(1588). Agostino Ramelli, Le diverse et artificiose machine, 1588.

14 리베스킨트의 〈바퀴 모양의 독서대〉(1985). libeskind.com.

22 아리스토텔레스-프톨레마이오스의 우주 구조. Peter Apian, Cosmographica, 1524.

1장

31 플라톤의 다섯 가지 정다면체. Johannes Kepler, Harmonices Mundi, 1619.

34-35 라파엘로의 〈아테네 학당〉(1511). Wikimedia Commons, 2013.

36 아르키메데스의 준정다면체. Johannes Kepler, Harmonices Mundi, 1619.

38 피에로 델라 프란체스카의 〈그리스도의 책형〉, 1468~1470년경. Wikipedia, 2018.

40(좌) 프란체스카의 '깎은 정4면체'의 전개도. Piero della Francesca, Libellus de quinque corporibus regularibus, 1460.

40(우) 다빈치의 '부풀린 6-8면체'. Luca Pacioli, Divina Proportione, 1509. Wikipedia, 2005.

42 바르바리의 〈파치올리 수사와 어느 젊은이〉(1495). Wikipedia, 2019.

44 알브레히트 뒤러의 판화. 〈류트를 그리는 사람〉(1525, 위) Wikimedia Commons, 2022; 〈앉아 있는 사람을 그리는 데생 화가〉(1525, 아래) Wikimedia Commons, 2009.

46 뒤러가 처음 발견한 '다듬은 6면체'의 전개도. Abrecht Dürer, Underweysung der Messung, 1525.

47 알브레히트 뒤러의 〈멜랑콜리아 I〉(1514). Wikimedia Commons, 2013.

48(좌) 다듬은 12-20면체. Wikipedia, 2005.

48(우) 케플러의 별 모양의 다면체들. Johannes Kepler, Harmonices Mundi, 1619.

50 벅민스터 풀러의 〈측지선 돔〉. David Wilson, flickr, 2018.

52 마우리츠 코르넬리스 에스허르의 〈별〉(1948). M.C. Escher's "Stars" © 2023 The M.C. Escher Company-The Netherlands. All rights reserved. www.mcescher.com.

2장

54 튀코 브라헤의 〈우라니보르 관측소〉. Joan Blaeu, Atlas Maior(1662-5) Volume 1.

56 튀코 브라헤의 《복원된 천문학을 위한 도구》(1598), 채색 삽화. Wikipedia, 2005.

59 에두아르트 엔더의 〈프라하 성의 루돌프 2세와 튀코 브라헤〉(1855). Wikimedia Commons, 2012.

62 우라니보르 관측소(Heinrich Hansen, 1882). Wikimedia Commons, 2021.

64 스티에르네보르 관측소 조감도. © The Board of Trustees of the Science Museum.

68-69 튀코 브라헤의 《복원된 천문학을 위한 도구》(1598) 삽화. Wikipedia, 2006.

72 리바비우스가 그린 '화학의 집'. Andreas Libavius, Alchemia, 1606.

74 우라니보르의 동쪽 면. R. S. Ball, Great Astronomers, 1895.

76 브라헤의 우주 구조. Wikipedia, 2017.

78-79, 81 리치올리의 《새로운 알마게스트》 표지화. Wikipedia, 2011.

84 도플메이어와 호만의 《우주의 지도》(1730). Wikimedia Commons, 2018.

3장

92(위) 플라톤의 다면체 구조 태양계 모형. Johannes Kepler, Mysterium Cosmographicum, Tübingen 1596, Tabula III.

92(아래) 플라톤의 다면체 구조 태양계 모형 안쪽 그림. Wikipedia, 2005.

7장

180 《백과전서》 전시본. books.worksinprogress.co.

182(좌) 디드로 초상화(왼쪽, Louis-Michel van Loo, 1767). Wikimedia Commons, 2011.

182(우) 달랑베르 초상화(오른쪽. 작자 미상, 18세기). Wikimedia Commons, 2017.

184-185 체임버스의《대백과》권두화. Wikimedia Commons, 2013.

186 세바스티앙 르 클레르의 〈과학과 예술 아카데미〉. Wikimedia Commons, 2013.

188 《대백과》'천문학' 항목의 삽화. Wikimedia Commons, 2011.

190 포르피리오스의 나무. Augustinus, Destructio sive eradicatio totius arboris Porphirii, 1503

192 룰의 '지식의 나무'. Wikipedia, 2009.

194 《백과전서》의 삽화. 'Figurative System of organisation of human knowledge' Wikimedia Commons, 2016.

198-199, 203 《백과전서》의 권두화. Wikimedia Commons, 2015.

200 프랑수아 르무안의 〈시간은 진리를 드러낸다〉(1737). Wikimedia Commons, 2012.

202 샤를 니콜라 코생·오귀스탱 드 생 오방의 〈진리만이 아름답다〉. C.-N. Cochin, dessin pour le fronstispice des Quatre Poétiques de C. Batteux(Paris, Saillant et Nyon, 1771), sanguine sur trait de crayon noir. journals.openedition.org.

204 조지프 라이트의 〈진공펌프 속의 새에 대한 실험〉(1768). Wikipedia, 2021.

207 《백과전서》의 지식의 나무. Special Collections, Lehigh University Libraries. Wikimedia Commons, 2017.

8장

210 라부아지에의 산소 실험. Wikimedia Commons, 2012.

213 어니스트 보드의 〈라부아지에 부부의 초상〉(20세기 초). Wikipedia, 2014.

214 자크 루이 다비드의 〈라부아지에 부부 초상〉(1788). Wikimedia Commons, 2020.

216 라부아지에 부인이 그린 실험 기구들. 'Nomenclature chimique ou synonymie ancienne et moderne'(1787). gutenberg.org.

217 자크 루이 다비드의 〈라부아지에 부부 초상〉(1788) 세부. Wikimedia Commons, 2020.

218 작자 미상, 〈라부아지에의 기억을 위한 오마주〉(1807). Marco Breretta, Imaging a Career in Science(Science History Publications/USA, 2001).

220 요하네스 탕헤나의 〈데카르트의 초상〉. Wikimedia Commons, 2020.

222(위) 18세기 말에 파리 과학아카데미가 실험용 렌즈로 물체를 태우는 데 사용했던 장치. Wikipedia, 2005.

222(아래) 박물관에 전시된 라부아지에의 실험 기구들. Wikimedia Commons, 2006.

224 라부아지에의 산소 실험. Wikimedia Commons, 2012.

226 1660년대 게리케의 실험실 광경. Gaspar Schott, 'Technica curiosa, sive, Mirabilia artis'(1664). thechaostician.com.

228 메이저 발명가 타운니스와 고든의 사진. The American Physical Society Kindly provided by UC Berkeley.

230 파리에 있는 라부아지에의 동상. Wikipedia, 2011.

231 라부아지에 동상에 조각된 부조. Wikimedia Commons, 2014.

9장

236 사랑에 빠진 뇌. James Lewis, West Virginia University.

237 남자의 뇌와 여자의 뇌. quotemaster.org.

238 파이프에 두상이 관통당한 피니어스 게이지. neuronrn.com.br.

240(위) 펜필드의 소인의 뇌. Penfield and Rasmussen, 1950.

240(아래) 펜필드의 '피질 소인'의 3차원 형상. Natural History Museum.

242 프리츠 칸의 〈인간의 삶〉(1926). Fritz Kahn, Das Leben des Menschen, vol. 4, plate VIII, 1929.

244 송과선. René Descartes, Treatise on Man, 1630s. Wikipedia, 2006.

246 《동의보감》에 수록된 신형장부도. 許浚, 《동의보감東醫寶鑑》〈내경편〉, 1613.

249 라이쉬의 《철학의 진주》(1508) 삽화. "anime vegetative", taken from the manuscript "Margarita philosophica nova", by Gregor Reisch. Wikimedia Commons, 2014.

250 플러드의 정신의 궤도들. Wikimedia Commons, 2014.

252(위) 조지 콤의《골상학 개요Elements of Phrenology》(1834)에 나오는 삽화. The University of Glasgow Library.

252(아래) 웰스의 인종에 따른 두개골의 차이. engines.egr.uh.edu.

254 라몬 카할의 뉴런 묘사. Cajal Institute and the Spanish National Research Council.

256 DTI로 찍은 신경섬유 다발의 연결망. Magnetic Resonance Materials in Physics, Biology and Medicine volume 30, pages317 – 335(2017). mdpi.com.

10장

260 솔디니의《동물의 영혼에 대한 논평》(1776)에 나오는 진화도. Francesco Maria Soldini, De Anima Brutorum Commentaria, 1776.

261 이새의 가계나무. Master of James IV of Scotland, 1510 – 20. Wikipedia, 2007.

262 중세 철학자 룰의 존재의 계단. Raymond Lull, De Nova Logica. Valenà, 1512.

265 오제의 식물목(1801). PF Stevens, "L'Arbre Botanique d'Augustin Augier (1801). Wikipedia, 2018.

266 라마르크의《동물철학》의 한 페이지. Philosophie zoologique(1809). Wikimedia Commons, 2022.

268(위) 동물의 가지치기식 분류. Histoire naturelle des animaux sans vertèbres of Jean-Baptiste Lamarck(1815). Wikipedia, 2013.

268(아래) 식물의 나무(왼쪽)와 동물의 나무(오른쪽). Edward Hitchcock, 'Elementary Geology'(1840). Wikimedia Commons, 2009.

270 카를 에드바르트 폰 아이히발트의 〈동물의 나무〉. Tree of animal life, from the Zoologia specialis of Carl Edward von Eichwald(1829). researchgate.net.

272 하인리히 게오르크 브론의 생명의 나무. Wikipedia, 2014.

274(좌) 찰스 다윈의 '생명의 산호초'(1837). Darwin's coral diagrams from his Notebook B. darwin-online.org.uk.

274(우) 찰스 다윈의 '생명의 나무'(1837). Charles Darwin, tree-of-Life sketch from notebook B, 1837. researchgate.net.

276 다윈의《종의 기원》에 등장하는 유일한 그림. Charles Darwin, digital picture taken by Alexei Kouprianov. Wikipedia, 2006.

278 에른스트 헤켈의 '생명의 나무'. Illustration of the 'Tree of Life' by Haeckel in the 'The Evolution of Man'(Published 1879). Wikipedia, 2009.

280 문화의 진화를 간단히 나타낸 그림. www.researchgate.net.

284 '투구의 나무'. Helmets and Body Armour in Modern Warfare, Yale University Press, 1920. Wikimedia Commons, 2013.

285 진공관의 진화를 보여주는 나무. Electronics magazine, May 1934, page 147. In the holdings of the Prelinger Library. Wikipedia, 2019.

286(위) 닐스 엘드리지가 제시한 코넷의 진화. Niles Eldredge, Paleontology and Cornets: Thoughts on Material Cultural Evolution, 2011. researchgate.net.

286(아래) 생명체의 진화(A)와 인공물의 진화(B). Trees of Life and Culture(Kroeber, 1923, p. 68). researchgate.net.

288 포드 두리틀의 생명의 나무. Diagram illustrating Web of Life concept. Wikimedia Commons, 2012.

11장

294 침보라소산 앞에 서 있는 훔볼트. Wikipedia, 2018.

296-297 훔볼트의 '자연 그림'(1807). Leibniz-Institut für Länderkunde, Leipzig. Wikipedia, 2018.

298 훔볼트의 등온선 세계지도(1825) William Channing Woodbridge(Cartographer), Alexander von Humboldt (Author). Wikipedia, 2009.

302 영국과 덴마크-노르웨이의 수출과 수입. William Playfair(1786), The Commercial and Political Atlas: Representing. Wikimedia Commons, 2011.

303 영국의 국채의 증가. The Commercial and Political Atlas, 1786(3th ed. edition 1801). Wikimedia Commons, 2015.

304 스코틀랜드의 교역(플레이페어의 막대그래프). The Commercial and Political Atlas, 1786 (3th ed. edition 1801). Wikimedia Commons, 2015.

305 유럽의 국가별 인구, 재정 현황 등 비교. Statistical Breviary. Wikipedia, 2023.

306 튀르키예 제국과 독일 제국. 플레이페어의 첫 원형 그래프. William Playfair, The Statistical Breviary, London, 1801.

310 센강의 수위 증감 그래프. Wikimedia Commons, 2019.

312 나폴레옹의 러시아 원정도(1869). Wikipedia, 2008.

314 콜레라에 의한 사망을 기록한 윌리엄 파의 북극 그래프. Wikimedia Commons, 2014.

316 존 스노가 그린 콜레라 발병 지도. John Snow, 'Plan Showing the Ascertained Deaths from Cholera'. wellcomecollection.org.

320(위) 군인과 민간인의 사망률을 비교. ELMER BELT FLORENCE NIGHTINGALE COLLECTION/UNIV. OF CALIFORNIA LIBRARIES/ARCHIVE.ORG.

320(아래) 병원에서 감염병으로 사망한 병사의 숫자를 시각화. ELMER BELT FLORENCE NIGHTINGALE COLLECTION/UNIV. OF CALIFORNIA LIBRARIES/ARCHIVE.ORG.

322 나이팅게일의 '장미 그래프'. Wikimedia Commons, 2014.

325 존스홉킨스 대학교 CSSE에서 제작한 코로나19 대시보드. Wikimedia Commons, 2021.

12장

332 《가이아와 마주하기》(2017) 표지. Bruno Latour, Facing Gaia: Eight Lectures on the New Climatic Regime, Polity(2017).

334 과학자들이 임계 영역을 시각화하는 방식. Illustration by Critical Zone Observatories (CZO) based on a figure in Chorover et al. 2007. Wikimedia Commons, 2016.

336 아폴로 17호가 찍은 '블루 마블'. Wikipedia, 2021.

338 마드하브 개드길과 라마찬드라 구하의 《이 갈라진 땅》의 표지. Madhav Gadgil, Ramachandra Guha, This Fissured Land, Oxford University Press(Reprint edition, 1994).

339 라투르와 아렌에 의한 임계 영역의 시각화. A. Arènes, B. Latour, J. Gaillardet. Giving depth to the surface: An exercise in the Gaia-graphy of critical zones, 2018. semanticscholar.org.

주요 용어 및 개념어